언어 평등

ХЭЛ ТЭГШ БАЙДАЛ

NYELVI EGYENLŐSÉG

SPRACHE EQUALITY

TAAL GELIJKHEID

SPRÅK LIKHET

LANGUAGE EQUALITY

NGÔN NGỮ BÌNH ĐẲNG

IDIOMA IGUALDADE

BAHASA KESETARAAN

言語平等

שפת שוויון

भाषा समानताको

ภาษาเท่าเทียมกัน

IDIOMA IGUALDAD

AEQUALITAS LANGUAGE

"모든 언어는 평등하다"

지구상의 모든 언어는 인류공동체 문명 발전의 발자취입니다.
힘이 센 나라의 언어라 해서 더 좋거나 더 중요한 언어가 아닌 것처럼,
많은 사람들이 쓰지 않는 언어라 해서 덜 좋거나 덜 중요한 언어는 아닙니다.

문화 다양성에 따른 언어 다양성은 인류가 서로 견제하고
긍정적인 자극을 주고받으며 소통, 발전할 수 있는 계기가 됩니다.
그러나 안타깝게도 현재 일부 언어가 '국제어'라는 이름 아래
전 세계 사람들에게 강요되고 있습니다.

문예림의 꿈은 전 세계 모든 언어를 학습할 수 있는 어학 콘텐츠를 개발하는 것입니다.
어떠한 언어에도 우위를 주지 않고, 다양한 언어의 고유 가치를 지켜나가겠습니다.
누구나 배우고 싶은 언어를 자유롭게 선택해서 배울 수 있도록 더욱 정진하겠습니다.

베트남어 – 한국어
건설 기술 용어

http://www.bookmoon.co.kr

___

베트남어 – 한국어 건설 기술 용어

초판 1쇄 인쇄 2016년 12월 12일
초판 1쇄 발행 2016년 12월 19일

....

지은이 권혁종
펴낸이 서덕일
펴낸곳 문예림

....

주소 경기도 파주시 회동길 366 (10881)
전화 (02)499-1281~2
팩스 (02)499-1283
전자우편 info@bookmoon.co.kr

....

출판등록 1962.7.12 (제406-1962-1호)
ISBN 978-89-7482-877-6 (13730)

Từ vựng xây dựng kỹ thuật Việt Hàn

베트남어 – 한국어
건설 기술 용어

권혁종 **지음**
Biên soạn KWON HYUK-JONG

문예림

책을 내면서

최근 한국과 베트남이 경제 문화 등 많은 부문에서

상호 협력과 교류가 이루어지고 있고,

날이 갈수록 한국인의 베트남 진출과

베트남인의 한국에 대한 관심과 경제교류가

확대 되고 있는 상황을 보면서

두 나라가 더 빠른 경제 성장과 문화 교류 및 무역이

활발히 이루어지리라는 생각에서 이 사전을 만들게 되었다.

내용이 빈약하고 완전치 못하나

서로의 건설 용어를 이해하는 데 다소나마 도움이 되었으면 하고,

이 사전이 나오기까지 수고해 주신

서덕일 대표님과 Dư Minh 에게 감사를 드린다.

광주광역시에서,

권혁종

Giới thiệu sách

Gần đây Hàn Quốc và Việt Nam hỗ trợ giao lưu
nhiều mặt như kinh tế, văn hóa...
Khi nhìn thấy tình hình càng ngày càng có nhiều người
Hàn vào Việt Nam. và người Việt Nam quan tâm nhiều về
Hàn Quốc với sự mở rộng giao lưu xây dựng và kinh tế thì tôi
nghĩ rằng giữa hai nước tăng trưởng kinh tế giao lưu văn
hóa và xây dựng có thể thực hiện một cách hoạt phát.
Vì thế tôi biên soạn tập sách này.
Dù nội dung còn hạn chế, chưa hoàn chỉnh nhưng mong
từ điển này trợ giúp ít nhiều cho quý vị hiểu thêm
từ vựng xây dựng với nhau.
Cuối cùng tôi xin cám ơn ông SEO ĐUK IL và Dư Minh Giáp
đã giúp đỡ tận tình cho đến khi xuất bản từ điển này.

Trong thành phố Gwang Ju,

Kwon Hyuk Jong

|차례| CONTENTS

베트남어 알파벳 Mẫu tự tiếng Việt

베트남어는 로마자로 표기된 자모를 사용하고 있다.

★ 대문자

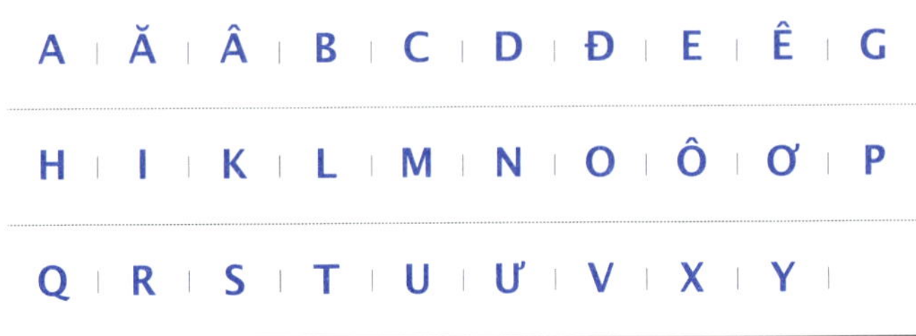

★ 소문자

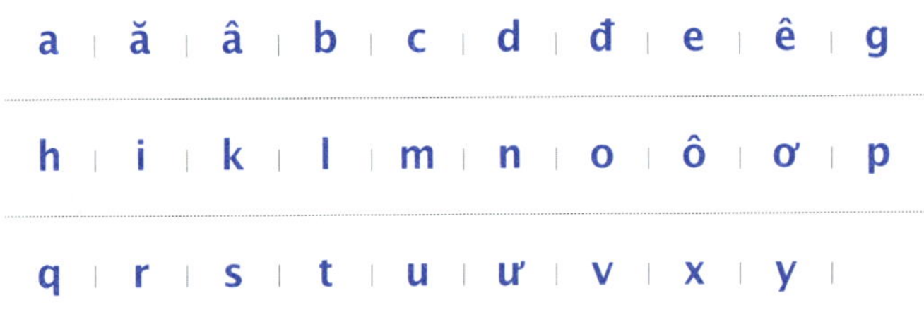

영어 알파벳과 다소 차이가 있다.

즉, 영어의 F, J, W, Z 는 사용되지 않는다.

그 대신 Ă, Đ, Ơ, Ư 등의 베트남어 특유의 영어 자모를

약간 변형하여 쓰고 있다.

베트남어 자음과 모음 Phụ âm và Nguyên âm tiếng Việt

★ **자음** 17 Phụ âm

B 베	C 쎄	D 제
Đ 데	G 게	H 학
K 까	L 엘르	M 엠므
N 엔느	P 뻬	Q 꾸
R 에르	S 에스	T 떼
V 베	X 익스	

★ **모음** 12 Nguyên âm

A 아	Ă 아	Â 어
E 애	Ê 에	
I 이	Y 이	
O 오	Ô 오	Ơ 어
U 우	Ư 으	

á nhiệt đới	아열대 亞熱帶
ắc quy	전지 電池
ắc quy lần một	일차전지 一次電池
ắc quy thái dương	태양전지 太陽電池
ắc quy thứ nhì	이차전지 二次電池
acid sulfuric hóa	황산화 黃酸化
âm hưởng	음향 音響
âm hưởng còn lại	잔향 殘響
âm lịch	태음력 太陰曆
âm nang	음낭 陰囊
âm sắc tiếng	음질 音質
âm thanh cao	고음 高音
âm thanh chấn động	진동음 振動音
âm thanh nghe	가청음 可聽音
âm thanh nổi	입체음 立體音
âm thanh nút	흡음 吸音
âm tính	음성 陰性
ẩm ướt	습윤 濕潤
âm vực cao	고음역 高音域
ammonium sulfate	황산암모니아
amoni	암모늄
amoni axit nitric	질산암모니아
ăn khớp với cốt liệu	골재맞물림
ấn phẩm báo	회보 會報
ẩn số	미지수 未知數
an ten bên ngoài	외부안테나
an ten kiểu xoay	회전식안테나
an ten thu phát	송수신안테나
an toàn	안전 安全
ảnh ảo	허상 虛像
ánh đèn	등화 燈火
ảnh dừng lại	정지화상 靜止畵像
ảnh hưởng	영향 影響
ánh lửa	불꽃

ánh lửa điểm hỏa	불꽃점화 點火
ảo ảnh	허상 虛像
áo chịu nước	내수복 耐水服
áo cứu hộ	구명동의 救命胴衣
áo lặn	잠수복 潛水服
ao lắng đọng	침전지 沈澱池
ao lưu thủy	유수지 遊水池
ao thoát nước	배수지 配水池
áp dư	여압 餘壓
áp lực	강압 强壓, 압력 壓力
áp lực bánh xe	차륜압력 車輪壓力
áp lực bão hòa	포화압력 飽和壓力
áp lực bề mặt	표면압력 表面壓力
áp lực chân không	진공압력 眞空壓力
áp lực chất khí	기체압력 氣體壓力
áp lực chỉ thị	지시압력 指示壓力
áp lực cho phép	허용압력 許容壓力
áp lực cửa vào	입구압력 入口壓力
áp lực dẫn dầu	송유압력 送油壓力
áp lực đằng sau	배면압력 背面壓力
áp lực đốt cháy	연소압력 燃燒壓力
áp lực ga	배압 背壓
áp lực gửi	송출압력 送出壓力
áp lực hút	흡입압력 吸入壓力
áp lực kế	압력계 壓力計
áp lực kế nén	압축압력계 壓縮壓力計
áp lực lần đầu	초압 初壓
áp lực mao quản	모관압 毛管壓
áp lực mặt đất	지면압력 地面壓力
áp lực nén	압축압력 壓縮壓力
áp lực ngang	횡압 橫壓
áp lực ngoài	외압 外壓
áp lực ngoài khí	외기압력 外氣壓力
áp lực nhiên liệu	연료압력 燃料壓力

áp lực nổ	폭발압력 爆發壓力
áp lực nước sạch	정수압 靜水壓
áp lực phún xạ	분사압력 噴射壓力
áp lực quy định	규정압력 規定壓力
áp lực rút khí	배기압력 排氣壓力
áp lực tác dụng	작용압력 作用壓力
áp lực thấm vào	침투압력 浸透壓力
áp lực thặng dư	초과압력 超過壓力
áp lực thấp	저압 低壓
áp lực tiêu chuẩn	표준압력 標準壓力
áp lực trục	축압력 軸壓力
áp lực tuyệt đối	절대압력 絶對壓
áp lực vuông góc	수직압력 垂直壓力
áp lực vượt quá	초과압력 超過壓力
áp phân tích	해리압 解離壓
áp suất dầu	유압 油壓
áp suất gió	풍압 風壓
áp suất nước	수압 水壓
áp suất nước tinh	정수압 靜水壓
apatit	인회석 燐灰石
axit anhydrit	무수산 無水酸
axit axetic	초산 醋酸
axit boric	붕산 硼酸
axit cácbon hóa	탄산화 炭酸化
axit colhy điric	염산 鹽酸
axit hữu cơ	유기산 有機酸
axit hydro chất flo	불화수소산 弗化水素酸
axit hyđro clo hóa	염화수소산 鹽化水素酸
axit hydro nitric hóa	질화수소산 窒化水素酸
axit khí amoniac	유산암모니아 硫酸 –
axit lactic	유산 硫酸
axit mỡ	지방산 脂肪酸
axit nitric	질산 窒酸
axit nucleia	핵산 核酸

axit nucleia men	효모핵산 酵母核酸
axit phốt pho	인산 燐酸
axit than đá	석탄산 石炭酸
axit uric	요산 尿酸
axit yếu	약산 弱酸

ba chân	삼각 三脚
bắc bán cầu	북반구 北半球
bắc cực	북극 北極
bắc Đại Tây Dương	북대서양 北大西洋
bạc đạn	베어링
bác sĩ ngoại khoa	외과의 外科醫
bác sĩ nội khoa	내과의 內科醫
bác sĩ y tế	보건의 保健醫
bắc tiến	북상 北上
bãi biển	해안선 海岸線
bãi bơm	펌프장
bãi cỏ	초원 草原
bãi đất cát	사토장 莎土匠
bãi đậu xe	주차장 駐車場
bãi khai thác đá	채석장 採石場
bài thuốc	처방 處方
bài trừ tập trung khu trung tâm thành phố	도심지집중배제 都心地集中排除
bãi xe cỡ nhỏ	소형주차장 小形駐車場
bám chặt	점착 粘着
bản báo cáo	보고서 報告書
bản bố trí buồng tàu	선실배치도 船室配置圖
bán cầu	반구 半球
bản cấu tạo	구조도 構造圖
bản chính diện	정면도 正面圖
bán đảo	반도 半島
bản đính kèm	별표 別表
bản đồ bất động sản	부동산지도 不動産地圖
bản đồ cao thấp	고저지도 高低地圖
bản đồ hàng không	항공지도 航空地圖
bản đồ lợi dụng đất	토지이용도 土地利用圖
bản đo lường	측량표 測量
bản đồ nổi	입체도 立體圖
bản đồ thường	일반지도 一般地圖

bản hàng hải	항해표 航海表
bán kính	반경 半徑
bán kính an toàn	안전반경 安全半徑
bán kính đường cong	곡선반경 曲線半徑
bán kính hữu hiệu	유효반경 有效半徑
bán kính tác dụng	작용반경 作用半徑
bán kính vòng	회전반경 回轉半徑
bản lề	경첩(문고리)
bán ngầm	반지하 半地下
bắn pháo	발포 發泡
bản phía sau	배면도 背面圖
bản quyền	판권 版權
bản so sánh	비교표 比較表
bản tam giác	삼각표 三角表
bản thân mình	자기 自己
bản thiết kế	설계도 設計圖
bản thuyết minh	설명서 說明書
bản toàn thể	전체도 全體圖
bản tóm tắt	조감도 鳥瞰圖, 초본 草本
bán trùng hợp thể	반중합체 半重合體
bản vẽ	도면 圖面
bản vẽ kế hoạch thành phố	도시계획도 都市計劃圖
bản vẽ mặt bằng	평면도 平面圖
bản vẽ mặt cắt	단면도 斷面圖
bản vẽ mô hình	모형도 模型圖
bản vẽ nhìn thấu	투시도 透視圖
bang	주 州
bảng bổ chính	보정표 補正表
bảng các chỉ tiêu	제원표 諸元表
bảng chức vụ nhân viên	인원직무표 人員職務表
băng điểm	빙점 氷點
bảng độ thiên	편차표 偏差表
bảng đổi tiền	환산표 換算表
băng hà	빙하 氷河

bảng hiệu	간판 看板
băng keo cách điện	절연테입
băng keo từ khí	자기테입
bảng liệt kê	색인 索引
bảng mực nước	수위표 水位標
bảng nhất lâm	일람표 一覽表
bảng phân chia	구분표 區分表
bàng quang	방광 膀胱
bảng sắp đặt bờ biển đổ bộ	상륙해안배정표 上陸海岸配定表
bảng suất chu kỳ	주기율표 週期律表
bảng tính toán	계산표 計算表
bành trướng đường	선팽창 線膨脹
bành trướng nhiệt	열팽창 熱膨脹
bánh xe	차륜 車輪
bánh xe trước	전륜 前輪
bão	폭풍 爆風
bảo an	보안 保安
bảo an lâm	보안림 保安林
bảo an thông tin	통신보안 通信保安
báo cáo	보고 報告
báo cáo công trình	공정보고 工程報告
báo cáo công việc	업무보고 業務報告
báo cáo dây	유선보고 有線報告
báo cáo điện tín	전신보고 電信報告
báo cáo kết toán	결산보고 決算報告
báo cáo không định trước	부정기보고 不定期報告
báo cáo ngày ngày	일일보고 日日報告
báo cáo phân kỳ	분기보고 分期報告
báo cáo tai nạn	사고보고 事故報告
báo cáo tổng hợp	종합보고 綜合報告
báo cáo trong năm	연간보고 年間報告
báo cáo trung gian	중간보고 中間報告
báo cáo việc làm	노무보고 勞務報告
báo chú ý khí tượng	기상주의보 氣象注意報

bảo đảm	보장 保障
báo động	경보 警報
báo động sớm	조기경보 早期警報
báo động tỉnh táo	경계경보 警戒警報
báo giá	견적 見積
bảo hộ môi trường tự nhiên	자연환경보호 自然環境保護
bão hòa từ khí	자기포화 磁氣飽和
bảo lãnh	보증 保證
bảo lưu	보류 保留
bảo toàn	보전 保全
bảo tồn	보존 保存
bảo tồn vùng đất xanh tươi không gian	공간녹지보존 空間綠地保存
bảo trì	정비 整備
bao tử	위장 胃腸
bão tuyết	폭풍설 暴風雪
bất an	불안 不安
bất biến	불변 不變
bất bình	불평 不平
bắt đầu	개시 開始
bất động	부동 不動
bất động sản	부동산 不動産
bất hoạt động	불활동 不活動
bất hợp pháp	불법 不法
bất lợi	불리 不利
bắt lửa	발화 發火
bất lương	불량 不良
bất ngờ	불의 不意
bắt nguồn	발원 發源
bất phương trình	부등식 不等式
bất thình lình	불시 不時
bất thường	비상 非常
bất tín	불신 不信
bất toàn	불완전 不完全

bầu cử	선거 選擧
bầu trời	상공 上空
bay bình thường	정상비행 定常飛行
bay định tốc	정속비행 定速飛行
bay không có người	무인비행 無人飛行
bay lên	발진 發進
bay quỹ đạo	궤도비행 軌道飛行
bày ra	전시 展示
bay siêu âm	초음속비행 超音速飛行
bay tăng lên	상승비행 上昇飛行
bay vũ trụ có người	유인우주비행 有人宇宙飛行
bề mặt	계면 界面
bề mặt cắt	절단면 切斷面
bề mặt của mặt trăng	월면 月面
bề mặt đất	지표면 地表面
bề mặt trái đất	지구표면 地球表面
bể nước	배수 背水
bệ phóng	사출기 射出機
bề rộng cầu	교폭 橋幅
bề rộng chính diện	정면폭 正面幅
bề rộng đường	노폭 路幅
bề rộng mặt bằng	대지폭 垈地幅
bề rộng mặt trước	전면폭 前面幅
bề rộng tàu	선폭 船幅
bề rộng xe	차폭 車幅
bế tắc	교착상태 交着狀態
bê tông chân không	진공콘크리트
bê tông chịu lửa đoạn nhiệt	내화단열콘크리트
bê tông cốt sắt	철골콘크리트
bê tông đá sỏi	자갈콘크리트
bê tông nhẹ	경량콘크리트
bê tông nhẹ dụng cấu tạo	구조용경량콘크리트
bê tông trong lạnh	한중콘크리트
bê tông trong nhiệt	서중콘크리트

bê tông tươi	레미콘
bến cảng	정박항 碇泊港
bến cảng nơi đến	도착항 到着港
bên dưới	하 下
bên ngoài	외면 外面
bên ngoài	외측 外側
bên ngoài	피상 皮相
bên nội	내측 內側
bên phải	우측 右側
bến tàu	부두
bến tàu	정선장 停船場
bên trái	좌측 左側
bên trong	내측 內側
bến xe	정류소 停留所
bến xe buýt	버스정류장
bệnh bạch cầu	백혈병 白血病
bệnh dịch sâu bọ	충해 蟲害
bệnh lây nhiễm	전염병 傳染病
bệnh lý học	병리학 病理學
bệnh nhân	환자 患者
bệnh ô nhiễm môi trường	공해병 公害病
bệnh tâm thần	정신병 精神病
bệnh tật	질환 疾患
bệnh thủy đậu	수두 水痘
bệnh truyền nhiễm	전염병 傳染病
bệnh viện	병원 病院
bếp ga hàn xì	용접버너
bị biến hình	피변형 疲變形
bị gián đoạn	불통 不通
bị mất	망실 亡失
biển bắc cực	북극해 北極海
biên bản ghi nhớ	양해각서 諒解覺書
biển báo	교통표지 交通標識
biển báo	이정표 里程標

biến chất	변성 變性
biên độ	진폭 振幅
biến đổi	변화 變化
biến đổi biên độ	진폭변환 振幅變換
biến đổi dao độ	진폭변조 振幅變調
biến đổi góc vuông	직각변조 直角變調
biến đổi ngược	역변환 逆變換
biến đổi quỹ đạo	궤도변경 軌道變更
biến đổi tần số	주파수변환 周波數變換
biến đổi từ khí	자기변동 磁氣變動
biến đổi vị trí	위상변조 位相變調
biến động địa hình	지형변동 地形變動
biến động từ khí	자기변동 磁氣變動
biên giới	국경 國境
biến háo khí hậu	기후변화 氣候變化
biến hình	변형 變形
biến hình bề dọc	세로변형
biến hình tính chất dẻo	소성변형 塑性變形
biến hình tính đàn hồi	탄성변형 彈性變形
biến hóa	변화 變化
biến hóa đẳng áp	등압변화 等壓變化
biến hóa hóa học	화학변화 化學變化
biến hóa không ngược lại	비가역변화 非可逆變化
biến hóa ngược lại	가역변화 可逆變化
biển không đóng băng	부동해 不凍海
biến màu	변색 變色
biển Nam cực	남빙양 南氷洋
biến số độc lập	독립변수 獨立變數
biến số hình học	기하변수 幾何變數
biến số kiềm chế	제어변수 制御變數
biến số mai mối	매개변수 媒介變數
biến số tích phân	적분변수 積分變數
biến số xác suất	확률변수 確率變數
biến thế	변압기 變壓器

biến thể nguyên tố đồng vị	동위원소변이 同位元素變移
biến trung lập	중립해 中立海
biên vào quan sát	관측기록 觀測記錄
biến vị	변위 變位
biến vị điện khí	전기변위 電氣變位
biến vị góc	각변위 角變位
biến vị tưởng tượng	가상변위 假想變位
biểu bì	표피 表皮
biểu bổ chính	보정표 補正表
biểu công trình	공정표 工程表
biểu đèn pha	등대표 燈臺表
biểu đồ	도표 圖表
biểu đồ	도해 圖解
biểu độ lệch	편차표 偏差表
biểu thị	표시 表示
biểu thị cao độ cự ly	거리고도표시 距離高度表示
biểu thị vị trí	위치표시 位置標示
bình ắc quy	축전지 蓄電池
bình diện đất	지평면 地平面
bình diện đồ	평면도 平面圖
bình diện quỹ đạo	궤도평면 軌道平面
bình diện tọa độ	좌표평면 座標平面
bình lọc nước	정수기 淨水器
bình quân	평균 平均
bình quân hình học	기하평균 幾何平均
bình quân hóa	평균화 平均化
bình thường lưu	정상류 定常流
bình xịt muỗi	분무기 噴霧器
bờ bên phải	우안 右岸
bờ biển	연안 沿岸, 해변 海邊
bờ biển vết đứt đoạn	단층해안 斷層海岸
bổ chính	보정 補正
bổ chính cao độ	고도보정 高度補正
bổ chính địa hình	지형보정 地形補正

bổ chính vị trí	위상보정 位相補正
bổ chính. sửa đổi lại	보정 補正
bộ đội biên phòng	국경수비대 國境守備隊
bờ hồ	호안 湖岸
bờ lũy	성벽 城壁
bỏ mặc	방치 放置
bộ máy	기관 機關
bộ máy dầu lửa	등유기관 燈油機關
bộ máy điểm hỏa điện phún xạ nhiên liệu	연료분사전기점화기관 燃料噴射電氣點火機關
bộ máy điểm hỏa nén phún xạ nhiên liệu	연료분사압축점화기관 燃料噴射壓縮點火機關
bộ máy động lực	동력기관 動力機關
bộ máy hơi nước	증기기관 蒸氣機關
bộ máy nhiệt	열기관 熱機關
bộ máy phần sau tàu	선미기관 船尾機關
bộ máy phún xạ	분사기관 噴射機關
bổ nhiệm	발령 發令
bộ nhô ra	돌기부 突起部
bộ phận	부분 部分
bộ phận đảm đương kiến trúc	건축담당부서 建築擔當部署
bộ phận khớp	접합부 接合部
bộ phận phẩm	부분품 部分品
bộ phận sẵn	기성부분 旣成部分
bộ phần tầng trên	상층부 上層部
bộ sạc bin	충전기 充電器
bổ sung	보충 補充
bổ sung nhân viên	인원보충 人員補充
bờ trái	좌안 左岸
bố trí đồ	배치도 配置圖
bố trí đồ phòng tàu	선실배치도 船室配置圖
bố trí đồ riêng lẻ bộ phận	부문별배치도 部門別配置圖
bố trí khí áp	기압배치 氣壓配置
bố trí lại công nghiệp	공업재배치 工業再配置

bố trí nhân lực	인력배치 人力配置
bố trí vật kiến trúc	건축물배치 建築物配置
bổ trợ	보조 補助
bỏ trốn	이탈 離脫
bộ trung tâm thành phố	도심부 都心部
bốc hơi	증발 蒸發
bốc hơi nguyên tử hạt nhân	원자핵증발 原子核蒸發
bọc ngoài	덮개
bồi bổ	강화 強化
bối cảnh	배경 背景
bối đắp	보강 補强
bồi dưỡng	배양 培養
bơi qua vũ trụ	우주유영 宇宙遊泳
bội số	배수 倍數
bồi thường	보상 補償
bồi thường công chính	공정보상 公正補償
bồi thường đất	토지보상 土地補償
bom	폭탄 爆彈
bơm chân không	진공펌프
bom hạt nhân	핵폭탄 核爆彈
bơm nhiên liệu	연료펌프
bơm nước	양수 揚水
bơm nước ra	배수 排水
bơm nước ra dưới đất	지하배수 地下排水
bơm nước ra trên đất	지상배수 地上排水
bơm phún xạ nhiên liệu	연료분사펌프
bơm tăng áp lực	가압펌프
bổn phận	과업 課業
bong bóng	기포 起泡
bóng điện	전등 電燈
bóng râm	음영(그림자) 陰影
boong	갑판 甲板
boong phần đuôi thuyền	선미갑판 船尾甲板
boong phần sau tàu	선미갑판 船尾甲板

bột	분말 粉末
bức tranh viễn cảnh	청사진 靑寫眞
bức tường	장벽 障壁
bức tường bề mặt	표면장벽 表面障壁
bức tường điện thế	전위장벽 電位障壁
bức vẽ	도면 圖面
bức xạ	복사 輻射
bức xạ kế mặt đất	지면복사계 地面輻射計
bức xạ không khí	대기복사 大氣輻射
bức xạ nhiệt	열복사 熱輻射
bụi cây	관목 灌木
bụi vàng	사금 砂金
bùn	이토(진흙) 泥土
bụng	복부 腹部
buổi trưa	정오 正午
buồng tàu	선실 船室
buồng tối	암실 暗室
bướu khuẩn	균종 菌腫
bưu điện	우체국 郵遞局
bưu kiện	우편 郵便

cả hai bên	양측 兩側
các chỉ tiêu	제원 諸元
cacbon	이산화탄소 二酸化炭素
cacbonic	탄산 炭酸
cách âm	방음 防音
cách bảo tồn	보존법 保存法
cách cân bằng	평형법 平衡法
cách chiếu lại bản đồ	지도투사법 地圖投射法
cách đi biển khí quyển	대권항법 大圈航法
cách đi biển vô tuyến	무선항법 無線航法
cách dịch hóa	액화법 液化法
cách đo dây sắt dẫn điện	도선측량법 導線測量法
cách đo đường dây	도선측량법 導線測量法
cách đo lường động đất	지진측량법 地震測量法
cách dự phòng	예방법 豫防法
cách giao hội	교회법 交會法
cách kế hoạch hình đường(dây)	선형계획법 線型計劃法
cách không điểm	영점법 零點法
cách không sử dụng nước	건식 乾式
cách khúc xạ phân tán	분산굴절법 分散屈折法
cách ly	격리 隔離
cách nước mềm	연수법 軟水法
cách phản chiếu	투영법 投影法
cách phản chiếu lập thể	입체투영법 立體投影法
cách phản chiếu mặt cầu	구면투영법 球面投影法
cách phân tích thu nhập	수입분석법 收入分析法
cách so sánh	비교법 比較法
cách sử dụng	사용법 使用法
cách tam giác	삼각법 三角法
cách tam giác mặt cầu	구면삼각법 球面三角法
cách thay đổi	치환법 置換法
cách thi công	시공법 施工法
cách thiết kế thay đổi	치환공법 置換工法
cách thiết kế ứng lực cho phép	허용응력설계법 許容應力設計法

cách thông tín vô tuyến	무선교신법 無線交信法
cách tín hiệu	신호법 信號法
cách tọa độ	좌표법 座標法
cách truyền đạt	전달법 傳達法
cái bàn kiềm chế trung ương	중앙관제데스크
cái bay	흙손
cái bơm	펌프
cái bơm nước	양수펌프
cái cách điện	애자 碍子
cái cân	천칭(저울)
cái cầu quay	회전의 回轉儀
cái đập nhiều mục đích	다목적댐
cái mốc	랜드마크
cái nhận nước mưa	우수받이
cái phao	부표 浮漂
cái que thông	탐침 探針
cái răng	치아 齒牙
cái sàng	체
cải tạo	개조 改造
cải thiện	개선 改善
cằm	턱(신체)
cấm đậu xe	주차금지 駐車禁止
cảm nhiễm	감염 感染
cảm ứng kế	감응계 感應計
cán	압연 壓延, 연삭 研削
căn bản	기본 基本
cân bằng	균형 均衡
cân bằng biên độ	진폭평형
cân bằng bức xạ	복사평형 輻射平衡
cân bằng gánh nặng	부하평형 負荷平衡
cân bằng nhiệt	열평형 熱平衡
căn cứ cung cấp	공급기지 供給基地
cạn nước	갈수 渴水
cán thép	압연강 壓延鋼

can thiệp	간섭 干涉
can thiệp điện tử	전자간섭 電子干涉
can thiệp kế	간섭계 干涉計
can thiệp kế sóng điện	전파간섭계 電波干涉計
can thiệp sóng điện	전파간섭 電波干涉
cản trở	장해(애) 障害
cản trở nhận thư	수신방해 受信妨害
cản trở sóng điện	전파방해 電波妨害
cản trở vô tuyến	무선방해 無線妨害
cảng công nghiệp	공업항 工業港
cảng đông	동항 凍港
cảng không đông	부동항 不凍港
cảng mậu dịch	무역항 貿易港
cảng ngoài	외항 外港
cảng ngư nghiệp	어업항 漁業港
cảng nhân tạo	인공항 人工港
cảng nội địa	내항 內港
cảng nối tiếp	중계항 中繼港
cảng tự do	자유항 自由港
cánh ba chiều	삼차원날개
cánh ba góc	삼각날개
cảnh báo	경보 警報
cảnh bị	경비 警備
cảnh cáo	경고 警告
cảnh giác	경계 警戒
canh phòng ban đêm	불침번 不寢番
cảnh quan bên đường	도로변조경 道路邊造景
canh tác	경작 耕作
cảnh trước	전경 前景
cao áp	고압 高壓
cao cấp	고급 高級
cao độ	고도 高度
cao độ bay	비행고도 飛行高度
cao độ bình quân	평균고도 平均高度

cao độ đúng	정격고도 定格高度
cao độ hữu hiệu	유효고 有效高
cao độ thiên thể	천체고도 天體高度
cao kế	고도계 高度計
cao kế khí áp	기압고도계 氣壓高度計
cao kế kiểu ba kim	삼침식고도계 三針式高度計
cao kế tự ký	자기고도계 自記高度計
cao mặt đất	지상고 地上高
cao phân tử	고분자 高分子
cao phân tử hình dây	선상고분자 線狀高分子
cao su	고무
cao su cách điện	절연고무
cao su giảm sóc	완충고무
cao su nhân tạo	인조고무
cao su rắn lại	경화고무
cao su thiên nhiên	천연고무
cao su tính đàn hồi	탄성고무
cao su tổng hợp	합성고무
cao tần	고주파 高周波
cao thấp	고저 高低
cao thị	고시 告示
cao tốc	고속 高速
cao trào	만조 滿潮
cao tuổi	노령 老齡
cấp	등위 等位
cấp số	수열 數列
cấp số cộng	등차수열 等差數列
cấp số nhân	등비급수 等比級數
cấp số tỷ số đều	등비수열 等比數列
cấp số vô hạn	무한수열 無限數列
cấp trên	상급 上級
carbon hóa	탄산화 炭酸化
carbon monoxide	일산화탄소 一酸化炭素
cát	모래

cát để kiến trúc	건축용모래
cắt nhà thêm	증축 增築
cắt proban ôcxy	산소프로판절단 프로판
cắt trong nước	수중절단
cầu	교량 橋梁
cầu cao	고가교 高架橋
cầu cố định	고정교 固定橋
cầu cường	강교 鋼橋
cầu dành cho người	인도교 人道橋
cầu đương thủy	수로교 水路橋
cầu gỗ	목교 木橋
cầu nghiêng	사교 斜橋
cầu phao	부교 浮橋
cầu rút	가동교 可動橋
cầu sắt	철교 鐵橋
cấu tạo cốt cách	골격구조 骨格構造
cấu tạo cốt sắt	철골구조 鐵骨構造
cấu tạo đa tầng	다층구조 多層構造
cấu tạo địa chất	지질구조 地質構造
cấu tạo đồ	구조도 構造圖
cấu tạo gỗ	목구조 木構造
cấu tạo hạ bộ	하부구조 下部構造
cấu tạo hình cầu	구상구조 球狀構造
cấu tạo hình đa lỗ	다공상구조 多孔狀構造
cấu tạo hóa học	화학구조 化學構造
cấu tạo kết tinh	결정구조 結晶構造
cấu tạo khung xe	차체구조 車體構造
cấu tạo kỷ hà	기하구조 幾何構造
cấu tạo lập phương	입방구조 立方構造
cấu tạo lập thể	입체구조 立體構造
cấu tạo nguyên tử	원자구조 原子構造
cấu tạo nguyên tử hạt nhân	원자핵구조 原子核構造
cấu tạo phần trên	상부구조 上部構造
cấu tạo phóng xạ	방사구조 放射構造

cấu tạo tầm vóc	골조구조 骨組構造
cấu tạo tinh vi	미세구조 微細構造
cấu tạo vòng sắt	쇄상구조 鎖狀構造
cầu tàu	선창 船倉
cấu thành	구성 構成
cấu thành đồ	구성도 構成圖
cầu tích kế	구적계 求積計
cầu tiến vào	진입교 進入橋
cầu vượt qua	육교 陸橋
cây	나무
cây bu-lô	자작나무
cây có lá mỏng	침엽수 針葉樹
cây có lá rộng	활엽수 闊葉樹
cây cưa gỗ	제재목 製材木
cây đa bồ đề	보리수
cây độc lập	독립수 獨立樹
cây du	느릅나무
cây dương	포플러
cây dương lá rung	사시나무
cây đường phố	가로수 街路樹
cây hoa mẫu đơn	작약 芍藥
cây lanh	아마 亞麻
cây liễu	버드나무
cây linh sam	전나무
cây phong	단풍나무
cây sồi	너도밤나무
cây sồi	떡갈나무
cây súng phun lửa	화염방사기 火焰放射器
cây thông	소나무 松
cây thông lá rụng	낙엽송 落葉松
cây thủy tùng	주목 朱木
cây tổng quán sủi	오리나무
cây tuyết tùng	삼나무
cây vân sam	가문비나무

chậm lại	서행 徐行
chân cầu	교각 橋脚
chẩn đoán	진단 診斷
chấn động	진동 振動
chấn động tử	진동자 振動子
chân không	진공 眞空
chân không bộ phận	부분진공 部分眞空
chăn nuôi súc vật	축산 畜産
chân trời	지평선 地平線
chấp hành	집행 執行
chấp nhận	승인 承認
chất axit than	석탄산 石炭酸
chất bám chặt	점착제 粘着劑
chất borax	붕사 硼砂
chất boron	붕소 硼素
chất boron hóa	붕화물 硼化物
chất boron ốcxy hóa	산화붕소 酸化硼素
chất boron thán hóa	탄화붕소 炭化硼素
chất canxi	방해석 方解石
chặt cây	벌채 伐採
chặt cây loại gỗ	목재채벌 木材採伐
chất chia tách	분열물질 分裂物質
chất cứng	경질 硬質
chất đạm	단백질 蛋白質
chất đạm đơn giản	단순단백질 單純蛋白質
chất đạm đơn thuần	단순단백질 單純蛋白質
chất đạm phức hợp	복합단백질 複合蛋白質
chất dẫn	도체 導體
chất dẫn	전도체 傳導體
chất dẫn bất lương	불량도체 不良導體
chất dẫn nhiệt	열전도체 熱傳導體
chất đất	성토 盛土
chất đất hơn	더돋기
chất dễ cháy	가연물 可燃物

chất dẻo	가소제 可塑劑
chất điện phân	전해질 電解質
chất điện phân hữu cơ	유기전해질 有機電解質
chất điện phân yếu	약전해질 弱電解質
chất dính	흡착제 吸着劑
chất độc	독극물 毒劇物
chất độc học	독물학 毒物學
chất đông vị phóng xạ thứ nhất	일차방사성동위원소 一次放射性同位元素
chất đồng vị tộc	동위원소족 同位元素族
chất Flo	불소 弗素
chất flourite	형석 螢石
chất gỗ	목질 木質
chất hàng	적재 積載
chất hàng hóa	적하 積荷
chất hấp thụ	흡수제 吸收劑
chất hạt nhân	핵물질 核物質
chất hòa tan	가용물 可溶物
chất hoạt tính	활성제 活性劑
chất hỗn hợp	축합제 縮合劑
chất hỗn hợp bão hòa	포화화합물 飽和化合物
chất hỗn hợp bố trí	배위화합물 配位化合物
chất hỗn hợp cao phân tử	고분자화합물 高分子化合物
chất hỗn hợp chất khí	기체화합물 氣體化合物
chất hỗn hợp cực tính	극성화합물 極性化合物
chất hỗn hợp đẳng cực	등극화합물 等極化合物
chất hỗn hợp giữa kim loại	금속간화합물 金屬間化合物
chất hỗn hợp hình vòng sắt	쇄상화합물 鎖狀化合物
chất hỗn hợp hút nhiệt	흡열화합물 吸熱化合物
chất hỗn hợp hữu cơ	유기화합물 有機化合物
chất hỗn hợp hydrô nặng	중수소화합물 重水素化合物
chất hỗn hợp kim loại hữu cơ	유기금속화합물 有機金屬化合物
chất hỗn hợp phân tử	분자화합물 分子化合物
chất hỗn hợp phân tử hữu cơ	유기분자화합물 有機分子化合物

chất hỗn hợp phân tử thấp	저분자화합물 低分子化合物
chất hỗn hợp sắt	철화합물 鐵花合物
chất hỗn hợp thấm hút	흡착화합물 吸着化合物
chất hỗn hợp thay thế	치환화합물 置換化合物
chất hỗn hợp tính vô cực	무극성화합물 無極性化合物
chất hỗn hợp tộc hương thơm	방향족화합물 芳香族化合物
chất hỗn hợp tộc mỡ	지방족화합물 脂肪族化合物
chất hỗn hợp vô cơ	무기화합물 無機化合物
chất huỳnh quang	형광물질 螢光物質
chất hyđrôxit	수산화물 水酸化物
chất keo	교질 膠質
chất kết tinh	결정질 結晶質
chất khí	기체 氣體
chất khí trơ	불활성기체 不活性氣體
chất khoáng đen	각섬석 角閃石
chất không dẫn điện	부도체 不導體
chất khử trùng	방부제 防腐劑
chất kiềm	알카리
chất kiềm tính ăn da	가성알카리
chất lỏng	액체 液體
chất lỏng	유체 流體
chất lượng	품질 品質
chất lượng nước	수질 水質
chất men	효소 酵素
chất men khử amino	탈아미노효소
chất men phân giải chất đạm	단백질분해효소 蛋白質分解酵素
chất men phân giải mỡ	지방분해효소 脂肪分解酵素
chất mỡ	지질 脂質
chất nổ	뇌관 雷管
chất nổ	폭발물 爆發物
chất nổ để phá nát	폭파용뇌관 爆破用雷管
chất nổ súng	발포제 發泡劑
chất pe-rô-xít	과산화물 過酸化物
chất phóng xạ	방사성물질 放射性物質

chất phốt pho	인화물 燐化物
chất polyetylen mật độ cao	고밀도폴리에틸렌
chất sắt	철분 鐵粉
chất sunfua	유화물 硫化物
chất sương khói	연무질 煙霧質
chất tẩy rửa	세제 洗劑
chất thổ	성토 盛土
chất trùng hợp đai sắt	쇄상중합체 鎖狀重合體
chất trùng hợp đơn độc	단독중합체 單獨重合體
chất truyền dẫn	전도체 傳導體
chất ức chế	억제제 抑制劑
chất vô cơ	무기질 無機質
chất vô hình dạng	무정형질 無定形質
chất vonfram	중석 重石
chảy không đều	부등류 不等流
cháy kíp nổ	신관연소 信管燃燒
chạy lộ ngoài	노외주행 路外走行
chảy máu	출혈 出血
chảy ngược	역류 逆流
chảy ra ngoài	유출 流出
chạy thử	시운전 試運轉
chạy trên đường	노상주행 路上走行
chảy tuyết	융설 融雪
chế dược	약제 藥劑
chế ngự điện	전기제어 電氣制御
chế ngự điện tử	전자제어 電子制御
chế ngự trực tiếp	직접제어 直接制御
chế ngự tự động	자동제어 自動制御
chế ngự vô tuyến	무선제어 無線制御
chế phẩm	제품 製品
chế phẩm cán	압연제품 壓延製品
chế phẩm kim loại	금속제품 金屬製品
chế tạo kim loại	금속가공 金屬加工
chênh lệch nhiệt độ	온도차 溫度差

chênh lệch nước rơi	낙차 落差
chênh lệch trên mực nước biển	표고차 標高差
chỉ hướng	지향 指向
chi phí	비용 費用
chi phí cái khác	기타비용 其他費用
chi phí duy trì	유지비용 維持費用
chi phí gian tiếp	간접비 間接費
chi phí gián tiếp	간접비용 間接費用
chi phí khu đất	용지비 用地費
chi phí tái sinh	재생비용 再生費用
chi phí thường kỳ	경상비용 經常費用
chi phí trực gián tiếp	직간접비용 直間接費用
chi phí trực tiếp	직접경비 直接經費
chi phí tư bản	자본비용 資本費用
chi phí vật liệu	재료비 材料費
chi phí việc làm	노무비 勞務費
chi phí xây dựng	건설비 建設費
chi phối	지배 支配
chỉ số iôn hydro	수소이온지수
chỉ số màu	색지수 色指數
chỉ số sắc	색지수 色指數
chỉ số tạp âm	잡음지수 雜音指數
chỉ số tính chất nhựa	소성지수 塑性指數
chỉ số tính dịch	액성지수 液性指數
chỉ thị	지시 指示
chỉ thị kế nhiên liệu	연료지시계 燃料指示計
chỉ thị kế phương hướng từ khí	자기방향지시계 磁氣方向指示計
chỉ thị mục tiêu	목표지시 目標指示
chi tiết đồ	상세도 詳細圖
chỉ tiêu	지표 指標
chỉ tiêu cự ly	거리지표 距離指標
chỉ tiêu kinh tế	경제지표 經濟指標

chỉ tơ	잠사 蠶絲
chi viện vật tư	물자지원 物資支援
chia bộ phận	부분할 部分割
chia đều	등분 等分
chia đôi	양분 兩分
chia khu vực	구간 區間
chia khu vực gia tốc	가속구간 加速區間
chia khu vực giảm tốc độ	감속구간 減速區間
chia khu vực lôi kéo	견인구간 牽引區間
chia nhỏ ra	세분 細分
chia ra	분리 分離
chích ngừa	예방접종 豫防接種
chiếm giữ bất hợp pháp	불법점유 不法占有
chiều cao đi qua	통과높이
chiều cao hữu hiệu	유효높이
chiều dài mặt bằng	대지길이
chiều dài mặt trước	전면길이
chiếu độ kế	조도계 照度計
chiếu lại	투사 透寫
chiếu sáng ngoài trời	실외조명 室外照明
chiếu sáng nhân tạo	인공조명 人工照明
chiếu sáng nội thất	실내조명 室內照明
chiều sâu	심도 深度
chìm chất lên	침적 沈積
chìm nổi	기복 起伏
chìm nổi bề mặt đất	지표기복 地表起伏
chìm nổi địa hình	지형기복 地形起伏
chìm xuống	침강 沈降, 침하 沈下
chìm xuống bề mặt đất	지표침하 地表沈下
chìm xuống địa bàn	지반침하 地盤沈下
chìm xuống mặt đất	지표침하 地表沈下
chìm xuống ngay	즉시침하 卽時沈下
chìm xuống tính tiến hành	진행성침하 進行性沈下
chính diện	정면 正面

chính diện tòa nhà	건물정면 建物正面
chỉnh hình	성형 成形
chỉnh hình áp lực	압력성형 壓力成形
chỉnh lưu	정류 整流
chỉnh lý đất canh tác	경지정리 耕地整理
chính phủ	정부 政府
chính phủ bang	주정부 州政府
chính phủ liên bang	연방정부 聯邦政府
chính sách	정책 政策
chính sách kinh tế	경제정책 經濟政策
chính sách quản lý lợi dụng quốc thổ	국토이용관리정책 國土利用管理政策
chính thức	공식 公式
chịu áp lực	내압 耐壓
chịu axit	내산 耐酸
chịu động đất	내진 耐震
chịu hỏa tòa nhà	건물내화 建物耐火
chịu hơi nước	내습성 耐濕性
chịu người sử dụng	사용자부담 使用者負擔
chịu nhiệt	내열 耐熱
chịu tính ẩm	내습성 耐濕性
chỗ bị thương	창상 創傷
chỗ chặt cây	벌목장 伐木場
chỗ đậu tàu	정박지 碇泊地
chỗ dốc	사면 斜面
chỗ đốt sạch rác	쓰레기소각장 쓰레기 燒却場
chỗ dưới thung lũng	계곡저부 溪谷底部
chỗ giữa tai mắt	관자놀이(신체)
chỗ lọc nước	정수장 淨水場
chỗ nước uống	식수대 植樹帶
cho phép	면허 免許
cho phép	인가 認可
cho phép đổ bộ	상륙허가 上陸許可

cho phép sử dụng khu vực sự dùng	용도지역사용허가 用途地域使用許可
chỗ thấp	저부 底部
chỗ thấp thung lũng	계곡저부 溪谷低部
cho thuê lại	전차 轉借
cho thuê ngắn hạn	단기임대 短期賃貸
cho thuê trường kỳ	장기임대 長期賃貸
cho thuê vùng đất công viên	공원용지임대 公園用地賃貸
cho vay	차용 借用
cho vay chi phí xây dựng	건설비용융자대여 建設費用融資貸與
chỗ xử lý nước dơ	오수처리장 汚水處理場
chốc lát	순간 瞬間
chốc lát quán tính	관성모멘트
chốc lát thứ nhất mặt cắt	단면일차모멘트
chốc lát thứ nhì mặt cắt	단면이차모멘트
chòm sao Bắc đẩu	북두칠성 北斗七星
chọn lọc	선별 選別
chọn lọc đường lối	노선선정 路線選定
chọn lọc vị trí	위치선정 位置選定
chọn lọc với máy móc	기계적선별 機械的選別
chống ẩm ướt	방습 防濕
chống áp suất gió	풍압저항 風壓抵抗
chống bánh xe	차륜저항 車輪抵抗
chống bề mặt	표면저항 表面抵抗
chống bề ngoài	피상저항 皮相抵抗
chống bên ngoài	외부저항 外部抵抗
chống cách điện	절연저항 絶緣抵抗
chống cao tần	고주파저항 高周波抵抗
chống chất lỏng	유체저항 流體抵抗
chống chạy	주행저항 走行抵抗
chống còn lại	잔류저항 殘留抵抗
chống công suất	출력저항 出力抵抗
chống cử động	기동저항 起動抵抗
chống cú sốc	충격저항 衝擊抵抗

chống cực âm	음극저항 陰極抵抗
chống đạn	방탄 防彈
chống dẫn đầu	유도저항 誘導抵抗
chống dịch áp	액압저항 液壓抵抗
chống điện cực	전극저항 電極抵抗
chống điện khí	전기저항 電氣抵抗
chống đỡ tính đàn hồi	탄성지지 彈性支持
chống độc hại	제독 除毒
chống đóng băng	동결방지 凍結防止
chống dòng điện một chiều	직류저항 直流抵抗
chống đường cong	곡선저항 曲線抵抗
chống gánh nặng	부하저항 負荷抵抗
chống hao mòn	마모저항 磨耗抵抗
chống hình tượng	형상저항 形狀抵抗
chống không điểm	영점저항 零點抵抗
chống không khí	공기저항 空氣抵抗
chống lạnh	방한 防寒
chống ma sát	마찰저항 摩擦抵抗
chống mắc nối tiếp	직렬저항 直列抵抗
chống mặt đường	노면저항 路面抵抗
chống mặt nghiêng	구배저항 勾配抵抗
chống ngược	역저항 逆抵抗
chống nhiệt	열저항 熱抵抗
chống phong áp	풍압저항 風壓抵抗
chống tần số vô tuyến	무선주파수저항 無線周波數抵抗
chống tạp âm	잡음방지 雜音防止
chống thấm nước	내수 耐水
chống thân thể	신체저항 身體抵抗
chống thấp	저저항 低抵抗
chống tiếp đất	접지저항 接地抵抗
chống tiêu chuẩn	표준저항 標準抵抗
chống tính dính	점성저항 粘性抵抗
chống tới hạn	임계저항 臨界抵抗
chống tổng hợp	합성저항 合成抵抗

chống trái đất	대지저항	大地抵抗
chống từ khí	자기저항	磁氣抵抗
chống va chạm mạnh	충격저항	衝擊抵抗
chống vốn có	고유저항	固有抵抗
chống xếp hàng	병렬저항	竝列抵抗
chộp	탈취	奪取
chóp đuôi	후미	後尾
chóp húi	산악	山岳
chót mặt trước	선단	先端
chu kỳ	주기	週期
chu kỳ dài	장주기	長週期
chu kỳ định tinh	항성주기	恒星週期
chu kỳ thán tố đạm tố	탄소질소사이클	
chủ nghĩa mậu dịch bảo hộ	보호무역주의	保護貿易主義
chủ nhân xây dựng	건설주	建設主
chủ nợ	채권자	債權者
chữ tắt địa hình đồ	지형도용약어	地形圖用略語
chữ tắt thường	일반약어	一般略語
chu vi mặt đất	대지둘레	
chữ viết tắt thường	일반약어	一般略語
chữa cháy	소화	消化
chứa nước	저수	貯水
chuẩn bị công trình	공사준비	工事準備
chuẩn tắc chủ yếu	주요지침	主要指針
chức vị	직위	職位
chức vụ	직무	職務
chùm điện tử	전자빔	
chùm tia	광선속	光線束
chung	공통	共通
chưng cất	증류	蒸溜
chưng cất chân không	진공증류	眞空蒸溜
chưng cất rút ra	추출증류	抽出蒸溜
chung cư	아파트	
chung cư	콘도미니엄	

chứng giảm bớt bạch huyết cầu	백혈구감소증 白血球減少症
chủng loại	종류 種類
chứng minh	증명 證明
chứng sợ độ cao	고소공포증 高所恐怖症
chứng tăng thêm bạch huyết cầu	백혈구증대증 白血球增大症
chứng thư kiểm tra tàu	선박검사증서 船舶檢查證書
chứng từ chuyển nhượng bất động sản	부동산양도증서 不動産讓渡證書
chứng từ kiểm tra	검사증 檢查證
chủng vi trùng	균종 菌種
chuông báo động	경계경보 警戒警報
chuyển di	전이 轉移
chuyển di hạch nguyên tử	원자핵전이 原子核轉移
chuyển di lượng tử	양자전이 量子轉移
chuyển đổi mục đích sử dụng	용도전환 用途轉換
chuyển hóa	유화 硫化
chuyển hướng	전향 轉向
chuyến không định trước	부정기편 不定期便
chuyển tiếp vị trí	위상추이 位相推移
clo hóa	염소화 鹽素化
cổ	목(신체)
cơ bản	기본 基本
cờ biểu thị bờ biển đổ bộ	상륙해안표시기 上陸海岸標示旗
cô đặc lại	응축 凝縮
có đầu nhọn như kim	침상 針狀
cơ điểm	기점 基點
cố định	고정 固定
cô đọng	농축 濃縮
co giãn	신축 伸縮
có hại	유해 有害
có hiệu quả	발효 發效
cố hóa	고화 固化

cơ hoành	격막 膈膜
cố kết tố	응집소 凝集素
cơ khí bốc dỡ hàng	하역기계 荷役機械
cơ khí hóa	기계화 機械化
cơ khí tinh vi	정밀기계 精密機械
co lại từ khí	자기수축 磁氣收縮
có mui	유개 有蓋
cơ quan	기관 機關
cơ quan cảnh sát hình sự quốc tế	국제형사경찰기구 國際刑事警察機構
cơ quan cấp trên	상급기관 上級機關
cơ quan chấp hành	집행기관 執行機關
cơ quan giám đốc	감독기관 監督機關
cơ quan giao thông bảo trợ	보조교통기관 補助交通機關
cơ quan hành chính	행정기관 行政機關
cơ quan hành chính bang	주행정기관 州行政機關
cơ quan hành chính liên bang	연방행정기관 聯邦行政機關
cơ quan hô hấp	호흡기관 呼吸器官
cơ quan liên bang	연방기관 聯邦機關
cơ quan năng lượng nguyên tử quốc tế	국제원자력기구 國際原子力機構
cơ quan nghiên cứu	연구기관 研究機關
cơ quan quan hệ	관계기관 關係機關
cơ quan tự trị địa phương	지방자치기관 地方自治機關
cơ quan xây dựng	건설기관 建設機關
cơ sở cọc	말뚝기초
cơ sở cường tính	강성기초 剛性基礎
cơ sở đá bị vỡ	잡석기초 雜石基礎
cơ sở hợp thành	합성기초 合成基礎
cơ sở khuếch đại	확대기초 擴大基礎
cơ sở liên tục	연속기초 連續基礎
cơ sở phức hợp	복합기초 複合基礎
cơ sở tàu ngầm không khí	공기잠함기초 空氣潛函基礎
cơ sở toàn diện	전면기초 全面基礎

cơ sở trực tiếp	직접기초 直接基礎
cơ thán hóa khinh	탄화수소기 炭化水素基
có thể nhìn thấy	가시 可視
có thể sử dụng	사용가능 使用可能
có tính gợn sóng	파상 波狀
có tính vĩnh cửu	영구성 永久性
cốc	협곡 峽谷
cối xay gió	풍차 風車
com-pa đo lường	측량콤파스
com-pa tiêu chuẩn	기준콤파스
con đê	제방 堤防
con đường	가두 街頭
con đường riêng	사도 私道
cồn không nước	무수알콜
con lắc	진자 振子
con lắc hình trụ	원추진자 圓錐振子
con mắt	눈 眼
con người	인간 人間
con số	번호 番號
con số	수 數
con số bằng nhau	등수 等數
còn sống	생존 生存
con sông	하천 河川
công bằng	균등 均等
công cụ	공구 工具
công đoàn lao động	노동조합 勞動組合
công dụng	공용 公用
công hữu	공유 公有
công lập	공립 公立
công nghệ học điện tử	전자공학 電子工學
công nghệ học giao thông	교통공학 交通工學
công nghệ học hạt nhân	핵공학 核工學
công nghệ học hạt nhân nguyên tử	원자핵공학 原子核工學

công nghệ học hóa học	화학공학 化學工學
công nghệ học môi trường	환경공학 環境工學
công nghệ học nhân gian	인간공학 人間工學
công nghệ học sinh vật	생물공학 生物工學
công nghệ học tạo thuyền	조선공학 造船工學
công nghệ học thông tin	통신공학 通信工學
công nghệ học thủy lực	수공학 水工學
công nghệ học vật lý	물리공학 物理工學
công nghiệp cơ khí	기계공업 機械工業
công nghiệp dầu lửa	석유공업 石油工業
công nghiệp hóa	공업화 工業化
công nghiệp hóa học	화학공업 化學工業
công nghiệp nặng	중공업 重工業
công nghiệp xe hơi	자동차공업 自動車工業
công nhân thử việc	견습공 見習工
cống nước	용수로 用水路
cống rãnh	구거(개골창) 溝渠
công suất bên ngoài	피상출력 皮相出力
công suất hình thức thích hợp	정격출력 定格出力
công suất hữu hiệu	유효출력 有效出力
công suất kế	출력계 出力計
công suất lôi kéo	견인출력 牽引出力
công suất máy nổ	발동기출력 發動機出力
công suất thấp	저출력 抵出力
công suất tiêu chuẩn	표준출력 標準出力
công suất tín hiệu	신호출력 信號出力
công suất tối đa	최대출력 最大出力
công suất tối đa cất cánh	이륙최대출력 離陸最大出力
công suất tối đa liên tục	연속최대출력 連續最大出力
công suất trên mặt đất	지상출력 地上出力
công tắc	계전기 繼電器
công tắc điện lực	전력계전기 電力繼電器
công tắc khởi động	시동 스위치
công tắt điểm hỏa	점화스위치

công thức	공식 公式
công thức khối lượng	질량공식 質量公式
công thức phân tán	분산공식 分散公式
công thức thay đổi	변환공식 變換公式
công trái	채권 債券
công trình	공정 工程
công trình chuẩn bị	준비공정 準備工程
công trình đất	토공 土工
công trình gạch	벽돌공사
công trình liên tục	연속공정 連續工程
công trình ngầm	지하공사 地下工事
công trình ống nước ngầm	지하수도사업 地下水道事業
công trình phòng bị	방비공사 防備工事
công trình phòng ngự	방어공사 防禦工事
công trình tạm	가공사 假工事
công trình thời gian ngắn	단기공사 短期工事
công trình trường kỳ	장기공사 長期工事
công trình xây dựng	가설공사 假設工事
công trình xây dựng	건설공사 建設工事
công trình xử lý hóa học	화학처리공정 化學處理工程
công trọng hợp	공중합 共重合
công ty giao việc	용역회사 用役會社
công văn	공문 公文
công việc xây dựng	토공 土工
công viên	공원 公園
công viên bên cạnh	근린공원 近隣公園
công viên nhỏ	소공원 小公園
công viên quốc gia	국립공원 國立公園
công viên rừng cây	삼림공원 森林公園
công viên thành phố	도시공원 都市公園
công viên tiểu bang	주립공원 州立公園
công viên tỉnh	도립공원 道立公園
công vụ	공무 公務
cột	말뚝

cột bê tông	콘크리트말뚝
cốt cách	골격 骨格
cốt cách khung xe	차체골격 車體骨格
cột chống đỡ	지지말뚝
cột chống giảm sóc	완충지주 緩衝支柱
cột chống hầm	갱도지주 坑道支柱
cột cường	강말뚝
cốt liệu chịu lửa	내화골재 耐火骨材
cốt liệu mật độ cao	고밀도골재 高密度骨材
cốt liệu nhẹ	경량골재 輕量骨材
cốt liệu nhẹ cân nhân tạo	인공경량골재 人工輕量骨材
cột liệu nhỏ bé	잔골재 細骨材
cốt liệu to	굵은골재
cốt liệu trọng lượng	중량골재 重量骨材
cột ma sát	마찰말뚝
cột ống cường	강관말뚝
cốt sắt	철골 鐵骨
cốt sắt chất ép	압축철근 壓縮鐵筋
cốt sắt đôi	복철근 複鐵筋
cột sức chống đỡ	지지력말뚝
cốt thép	철근 鐵筋
cốt thép bồi đắp	보강철근 補强鐵筋
cốt thép cân bằng	균형철근 均衡鐵筋
cốt thép cõng	부철근 負鐵筋
cốt thép dây	띠철근
cốt thép hình tròn	원형철근 圓形鐵筋
cốt thép loa	나선철근 螺旋鐵筋
cốt thép móc	갈고리철근
cốt thép phương hướng ngang	횡방향철근 橫方向鐵筋
cốt thép phương hướng trục	축방향철근 軸方向鐵筋
cốt thép thêm	가외철근 加外鐵筋
cột thu lôi	피뢰침 避雷針
cột trụ	원주(기둥) 圓柱

cốt cách	골격 骨格
cư dân	주민 住民
cư dân sở tại	현지주민 現地住民
cử động	기동 起動
cự ly	거리 距離
cự ly an toàn ít nhất	최소안전거리 最小安全距離
cự ly bay	비행거리 飛行距離
cự ly cất cánh	이륙거리 離陸距離
cự ly dò la	탐지거리 探知距離
cự ly đo lường	측정거리 測定距離
cự ly đường băng	활주거리 滑走距離
cự ly đường băng cất cánh	이륙활주거리 離陸滑走距離
cự ly giữa điện cực	전극간거리 電極簡距離
cự ly giữa trục	축간거리 軸間距離
cự ly giữa trục xe	차축간거리 車軸簡距離
cự ly giữa xe	차간거리 車間距離
cự ly hạ cánh	착륙거리 着陸距離
cự ly hãm phanh	제동거리 制動距離
cự ly hữu hiệu	유효거리 有效距離
cự ly kế chạy	주행거리계 走行距離計
cự ly kế trên đồ	도상거리계 圖上距離計
cự ly khí quyển	대권거리 大圈距離
cự ly khuếch tán	확산거리 擴散距離
cự ly khuếch tán nhiệt	열확산거리 熱擴散距離
cự ly kíp nổ	신관거리 信管距離
cự ly nhắm bắn	조준거리 照準距離
cự ly quang học	광학거리 光學距離
cự ly tiêu điểm	초점거리 焦點距離
cự ly tốc độ bay	항속거리 航續距離
cự ly tối đa	시정 視程
cự ly tối đa trên đất	지상시정 地上視程
cự ly trần nhà	천정거리 天頂距離
cự ly xa	원거리 遠距離
cú sốc điện tử	전자충격 電子衝擊

cú sốc mặt đường	노면충격 路面衝擊
cửa cống	갑문 閘門
cửa hàng bách hóa	백화점 百貨店
cửa quan	관공서 官公署
cửa quan ranh giới	국경관문 國境關門
cửa sổ mắt cáo	격자창 格子窓
cửa vào	입구 入口
cực âm	음극 陰極
cục công viên quốc lập	국립공원국 國立公園局
cục đảm đương lấp đầy	매립담당국 埋立擔當局
cục đánh điện	발신국 發信局
cực điện	전극 電極
cực điện phản xạ	반사전극 反射電極
cực dương	양극 陽極
cực ít	미립자 微粒子
cục kế hoạch thành phố	도시계획국 都市計劃局
cục kiến trúc	건축국 建築局
cục nhận thông tin	수신국 受信局
cục nối tiếp vô tuyến	무선중계국 無線中繼局
cục quản lý bệnh truyền nhiễm vệ sinh	위생전염병관리국 衛生傳染病管理局
cục thông tin không có người	무인통신국 無人通信局
cục tín hiệu phương hướng vô tuyến	무선방향신호국 無線方向信號局
cực trung tâm	중심극 中心極
cục vô tuyến điện	무전국 無電局
cùi chỏ	팔꿈치(신체)
cự ly vận chuyển	수송거리 輸送距離
cùng cấp	동급 同級
cung cấp điện	배전 配電
cung cấp điện lực	전력공급 電力供給
cung cấp nước	급수 給水
cung cấp phẩm	공급품 供給品
cung cấp trung ương	중앙조달 中央調達

cùng lớp	동급 同級
cuộc thi đua	경쟁 競爭
cuộn	권선 卷線
cuộn cảm ứng	감응코일
cuộn cao áp	고압권선 高壓卷線
cuộn công suất	출력권선 出力卷線
cuộn hình vòng	환상코일
cuộn mạch điện ngắn	단락권선 短絡卷線
cuộn phân kỳ	분기권선 分期卷線
cuộn phát nhiệt	발열코일
cuộn thiên hướng	편향코일
cuộn thứ nhất	일차권선 一次券線
cuộn thứ nhì	이차권선 二次卷線
cường độ	강도 強度
cường độ ban sơ	초기강도 初期強度
cường độ chịu sức	내력강도 耐力強度
cường độ chót trước	전단강도 前端強度
cường độ cực hạn	극한강도 極限強度
cường độ dài ra	인장강도 引張強度
cường độ dán vào	부착강도 附着強度
cường độ điện giới	전계강도 電界強度
cường độ kế sóng điện	전파강도계 電波強度計
cường độ kéo dài	인장강도 引張強度
cường độ khô khan	건조강도 乾燥強度
cường độ làm cho tới	좌굴강도 坐屈強度
cường độ nén	압축강도 壓縮強度
cường độ nước mưa	강수강도 降水強度
cường độ phá hoại	파괴강도 破壞強度
cường độ phóng xạ	방사강도 放射強度
cường độ sóng điện	전파강도 電波強度
cường độ thân tàu	선체강도 船體強度
cường độ thiết kế	설계강도 設計強度
cường độ tiêu chuẩn	기준강도 基準強度
cường độ tiêu chuẩn thiết kế	설계기준강도 設計基準強度

cường độ từ khí	자기강도 磁氣强度
cúp điện	정전 停電
cúp điện	휴전 休電
cứu nạn hàng không	항공구난 航空救難
cứu trợ	구조 救助

đá	돌, 암석 巖石
da	피부 皮膚
đá bazan	현무암 玄武巖
đá bùn	이암 泥巖
đá cẩm thạch	대리석 大理石
đá chất cứng	경질석 硬質石
đá cứng	경암 硬岩
da cừu	양피 羊皮
đá hoa cương	화강암 花崗巖
đá lửa	규석 硅石
đá mây trắng	백운석 白雲石
đá nền tảng	기반암 基盤巖
da nhân tạo	인조피혁 人造皮革
đá oliver	감람석 橄欖石
đá phiến	슬레이트
đá phiến sét	이판암 泥板巖
đá ranh giới	경계석 境界石
đá sỏi	자갈
đa trọng	다중 多重
đá vôi	석회석 石灰石
đặc cấp	특급 特急
đặc lại	응집 凝集
đặc phái viên	특파원 特派員
đặc tính	특성 特性
đặc tính bên ngoài	외부특성 外部特性
đặc tính bức xạ	복사특성 輻射特性
đặc tính công suất	출력특성 出力特性
đặc tính điện lưu	전류특성 電流特性
đặc tính độ dính	점도특성 粘度特性
đặc tính khu vực	지역특성 地域特性
đặc tính nhiệt	열특성 熱特性
đặc tính tần số	주파수특성 周波數特性
đặc tính vật lý	물리적특성 物理的特性
đai cao áp trung vĩ độ	중위도고압대 中緯度高壓帶

đại động mạch	대동맥 大動脈
đại dương	대양 大洋
đại học y khoa	의과대학 醫科大學
đại khái	개요 概要
đài khí tượng	기상관측소 氣象觀測所
đài khí tượng quản chế trung ương	중앙관제기상대 中央官制氣象臺
đại lục nam cực	남극대륙 南極大陸
đai phân ly	분리대 分離帶
đài quan sát	관측소 觀測所
đài quan sát khí tượng	기상관측소 氣象觀測所
đại tây dương	대서양 大西洋
đài thiên văn	천문대 天文臺
đài vẽ đồ án	제도대 製圖臺
đại vòng	대권 大圈
đám cỏ	잔디
đạm khí hóa	질화 窒化
đảm nang	담낭 膽囊
đạm tố	질소 窒素
đạm tố cố định	고정질소 固定窒素
dán đám cỏ	떼붙이기
dẫn dắt lực quán tính	관성유도 慣性誘導
dẫn dầu	송유 送油
dẫn đầu sóng điện	전파유도 電波誘導
dẫn đầu từ khí	자기유도 磁氣誘導
dẫn điện	송전 送電
đạn không nổ	불발탄 不發彈
đạn lép	불발탄 不發彈
dân số	인구 人口
dân số lao động	노동인구 勞動人口
dẫn sóng điện	전파유도 電波誘導
đẳng áp thức	등압식 等壓式
đăng bộ	등기부 登記簿
đăng bộ bất động sản	부동산등기부 不動産登記簿

đẳng cấp cầu	교량등급 橋梁等級
đẳng cấp hằng tinh	항성등급 恒星等級
đẳng cấp trái khoán	채권등급 債券等級
đăng ký	등록 登錄
đẳng phương	등방성 等方性
đang sử dụng	사용중 使用中
danh bộ	명부 名簿
đánh dấu tình hình	상황표시 狀況表示
đánh điện	발신 發信
đánh điện	타전 打電
đánh giá	평가 評價
đánh giá ảnh hưởng giao thông	교통영향평가 交通影響評價
đánh giá ảnh hưởng môi trường	환경영향평가 環境影響評價
đánh giá giám định	감정평가 鑑定評價
đánh giá môi trường	환경평가 環境評價
đánh giá sĩ giám định	감정평가사 鑑定評價士
đánh giá tổng hợp	종합평가 綜合評價
dành hết cho	경도 傾倒
đẳnh thuế	과세 課稅
danh xưng	명칭 名稱
danh xưng	칭호 稱號
đào	굴착 掘鑿
đào đất hố móng	터파기
dao động	발진 發振
đập	댐
đập bê tông	콘크리트 댐
đập cầu thang	계단댐
đắp đê	호안 護岸
đập trọng lực	중력댐
đất bằng	평지 平地
đất bỏ không	유휴지 遊休地
đất bùn	이토(진흙)

đất canh tác	경작지 耕作地
đất cát	사지(모래땅) 砂地
đất cát	사토 砂土
đất cỏ	초지 草地
đất có đá nhiều	암지 巖地
đất còn lại	잔지 殘地
đất công cộng	공유지 公有地
đất đai	대지 大地
đất đai phụ thuộc	부속토지 附屬土地
đất đập gãy	분열지 分裂地
đất đông	동토 凍土
đất dự định đổ bộ	상륙예정지 上陸豫定地
đặt hàng	발주 發注
đặt ngầm	매설 埋設
đất nghiêng	경사지 傾斜地
đất nhấp nhô	파상지 波狀地
đặt ống dẫn	배관 配管
đặt ống dẫn cao áp	고압배관 高壓配管
đất phát sinh	발생지 發生地
đất phụ thuộc	부속토지 附屬土地
đất ranh giới	경계지 境界地
đất sét	점토 粘土
đất sét chịu hỏa	내화점토 耐火粘土
đất sét mềm yếu	연약점토 軟弱粘土
đất thấp	저지 低地
đất thó chịu hỏa	내화점토 耐火粘土
đất trên	표토 表土
đặt trên cao	고가 高架
đất trên đường	노상토 路床土
đất và cát đáy sông	하상토사 河床土砂
đất vàng	황토 黃土
data(dữ liệu)	데이터
đầu	머리(신체)
đầu bôi vào côppha	거푸집도포유

đầu cầu	교두보 橋頭堡
đầu cột trụ	기둥머리
đầu gối	무릎(신체)
dấu hiệu	기호 記號
dấu hiệu	부호 符號
dấu hiệu	표식 標式
dấu hiệu biên giới	경계표식 境界標識
dấu hiệu đường	도로표식 道路標式
dấu hiệu đường ranh giới	국경선표식 國境線標式
dấu hiệu gọi vô tuyến	무선콜사인
dấu hiệu kêu gọi bất định	부정호출부호 不定呼出符號
dấu hiệu lược	약부호 略符號
dấu hiệu mặt đường	노면표시 路面標示
dấu hiệu nguyên tố	원소기호 元素記號
dấu hiệu phân biệt	식별부호 識別符號
dấu hiệu ranh giới	경계표식 境界標識
dấu hiệu tắt	약호 略號
dấu hiệu vị trí	위치표식 位置標識
dấu hiệu vô tuyến hàng không	항공무선표식 航空無線標識
dấu hiệu vô tuyến toàn phương hướng	전방향무선표식 全方向無線標識
dấu hiệu vô tuyến toàn phương hướng sóng cực ngắn	초단파전방향무선표식 超短波全方向無線標識
đầu lâu	두개골 頭蓋骨
dầu lửa	등유 燈油
dầu lửa	석유 石油
đầu máy	기관차 機關車
đầu máy điện	전기기관차 電氣機關車
dầu mỡ	유지 油脂
dầu mỡ	지방유 脂肪油
dầu nhớt	윤활유 潤滑油
đầu óc điện tử	전자두뇌 電子頭腦
đầu óc nhân tạo	인공두뇌 人工頭腦
dầu rắn lại	경화유 硬化油

đấu thầu thi đua	경쟁입찰 競爭入札
đấu thầu thi đua giới hạn	제한경쟁입찰 制限競爭入札
dầu tinh chế	정유 精油
đầu tư	투자 投資
đầu tư hợp tác	합작투자 合作投資
đầu tư lâu dài	장기투자 長期投資
đầu tư thời gian ngắn	단기투자 短期投資
đầu tư tư bản	자본투자 資本投資
đậu xe trên đường	노상주차 路上駐車
đáy	밑바닥
dây	선 線
dây cách điện	절연전선 絶緣電線
dây cáp	케이블
dây cáp điện lực	전력케이블
dây cáp đường dài	장거리케이블
dây cáp ép dầu	유압케이블
dây cáp nguồn điện	전원케이블
dây cáp trên không	가공케이블
dây chuyền	연쇄 連鎖
dây dẫn điện	송전선 送電線
dây điện	전선 電線
dây đơn	단선 單線
dãy hằng tinh	항성계 恒星系
dây kéo vào	인입선 引入線
dây không trung	공중선 空中線
dây không trung mặt đất	지표공중선 地表空中線
dây không trung song phương	쌍방향공중선 雙方向空中線
dây không trung tính đẳng phương	등방성공중선 等方性空中線
dây không trung vô chỉ hướng	무지향성공중선 無指向性空中線
dây khúc xạ	입사선 入射線
đẩy lùi	역추진 逆推進
dãy ngân hà	은하계 銀河系
dây nhiệt	열선 熱線

dãy núi	산맥 山脈
dãy quang học	광학계 光學系
dây sắt	선철 線鐵
dây sắt dẫn điện	도선 導線
đáy sông	하상 河床
dây thép	강철선 鋼鐵線
dây thép gang	강철사 鋼鐵絲
dãy thiên hướng	편향계 偏向系
dây tiếp đất	접지선 接地線
dãy tinh lập phương	입방정계 立方晶系
dãy tuần hoàn	순환계 循環系
dây xích	측쇄 側鎖
đê chắn sóng	방파제 防波堤
dễ cháy	가연 可燃
đế đúc	주조 鑄造
để phòng	경계 警戒
đê ven biển	해안보 海岸堡
đèn biển	등대 燈臺
đèn biểu thị	표시등 表示燈
đèn biểu thị hỏa tai	화재표시등 火災表示燈
đèn biểu thị lung linh	점멸표시등 點滅標示燈
đèn cách hàng hải	항법등 航法燈
đèn cảnh cáo	경고등 警告燈
đèn chiếu rộng xe	차폭등 車幅燈
đèn đậu xe	주차등 駐車燈
đèn điện	전등 電燈
đèn dụng cụ đo	계기등 計器燈
đèn dừng lại	정지등 停止燈
đến gần	근접 近接
đến gần	접근 接近
đèn huỳnh quang	형광등 螢光燈
đèn kiểm điểm	점검등 點檢燈
đèn kiểm tra	검사등 檢査燈
đến nơi	도착 到着

đèn pha	탐조등 探照燈
đèn phần sau tàu	선미등 船尾燈
đèn quay	회전등 回轉燈
đèn quay vòng	회전등 回轉燈
đèn rọi sáng	조명등 照明燈
đèn sáng trắng	백열전구 白熱電球
đèn thủy ngân	수은등 水銀燈
đèn tín hiệu	신호등 信號燈
đèn trên boong	정박등 碇泊燈
đèn trước	전조등 前照燈
đi bên trái	좌측통행 左側通行
đi biển duyên hải	근해항행 近海航行
đi chậm lại	서행 徐行
di dân	이민 移民
di động	이동 移動
di động nhân sự	인사이동 人事異動
dị hình đồng chất	동질이형 同質異形
dị hóa	이화 異化
đi lang thang	사행 蛇行
đi một chiều	일방통행 一方通行
dị nghĩa	이의 異議
đi thẳng	직항 直航
dị tính thể	이성체 異性體
dị tính thể nguyên tử hạt nhân	원자핵이성체 原子核異性體
di truyền	유전 遺傳
đi tuần ra	순시 巡視
dị ứng	알레르기
đi về	왕복 往復
địa áp	지압 地壓
địa bàn	지반 地盤
địa bàn cao	지반고 地盤高
địa bàn yếu	연약지반 軟弱地盤
địa chất học	지질학 地質學
địa chỉ	주소 住所

địa đái	지대 地帶
địa danh	지명 地名
địa điểm	지점 地點
địa điểm cho phép đổ bộ	상륙허가지점 上陸許可地點
địa điểm đổ bộ	상륙지점 上陸地點
địa điểm dự định nhảy xuống	낙하예정지점 落下豫定地點
địa điểm hạ cánh	착륙지점 着陸地點
địa điểm nổ súng	발사지점 發射地點
địa điểm ranh giới	국경지점 國境地點
địa động	지동 地動
địa hình	지형 地形
địa hình học	지형학 地形學
địa lý	지리 地理
địa lý học cổ	고지리학 古地理學
địa mạch	지맥 地脈
địa nhiệt	지열 地熱
địa phương	지방 地方
địa tầng	지층 地層
địa thế	지세 地勢
địa thế nhà máy	공장입지 工場立地
địa trục	지축 地軸
địa từ giới	지자계 地磁界
địa từ khí	지자기 地磁氣
địa vật lý	지구물리학 地球物理學
dịch cố định	고정액 固定液
dịch dự phòng	예방액 豫防液
dịch hóa	액화 液化
dịch hóa than	석탄액화 石炭液化
dịch lọc ra	여과액 濾過液
dịch ngăn ngừa	예방액 豫防液
dịch nhầy	점액 粘液
dịch rửa sạch	세정액 洗淨液
diêm axit axetic	초산염 醋酸鹽
điểm bắt đầu tọa độ	좌표원점 座標原點

điểm bắt lửa	발화점 發火點
điểm bắt lửa	인화점 引火點
diêm cac-bon nát axit	중탄산염 重炭酸鹽
diêm cacbon nat axit	중탄산염 重炭酸鹽
điểm cân bằng	평형점 平衡點
điểm chống đỡ mặt cầu	구면지지점 球面支持點
điểm chuyển hướng	전향점 轉向點
diêm cơ	염기 鹽基
diêm cơ hữu cơ	유기염기 有機鹽基
điểm công hữu	공유점 共有點
điểm cuối cùng	종점 終點
điểm đặc dị	특이점 特異點
điểm đóng băng	결빙점 結氷點
điểm đốt cháy	연소점 燃燒點
điểm dự định nhảy xuống	낙하예정지점 落下豫定地點
điểm dung giải	용해점 鎔解點
điểm duyệt định kỳ	정기점검 定期點檢
điểm giao hoán	교회점 交會點
điểm giới hạn	한계점 限界點
điểm giữa	원심 圓心
điểm hỏa nén	압축착화 壓縮着火
điểm hợp lưu	합류점 合流點
điểm kết nối	접속점 接續點
điểm kết tinh	결정점 結晶點
điểm khối u	결절점 結節點
điểm nhắm bảo trợ	보조조준점 補助照準點
điểm nhảy xuống	낙하점 落下點
điểm nóng chảy	융해점 融解點
điểm nóng rực	작열점 灼熱點
điểm phân kỳ	분기점 分岐點
điểm quan sát	관측소 觀測所
điểm quan sát quang học	광학관측점 光學觀測點
điểm rẽ nhánh	분기점 分岐點
điểm tác dụng	작용점 作用點

điểm tác dụng tải trọng	하중작용점 荷重作用點
điểm tam giác	삼각점 三角點
điểm tan	용융점 鎔融點
điểm tiến vào quỹ đạo	궤도진입점 軌道進入點
điểm tiêu chuẩn	기준점 基準點
điểm tiêu chuẩn đo trên mặt đất	지상측량기준점 地上測量基準點
diêm tính axit	산성염 酸性鹽
điểm tối cao quỹ đạo	궤도최고점 軌道最高點
điểm trọng tâm	요지 要地
điểm trung tâm	중심점 中心點
điểm tu sửa	수정점 修正點
điểm vãn cận quỹ đạo	궤도최근점 軌道最近點
điểm xuất phát	출발점 出發點
điện âm	음전기 陰電氣
điện áp ắc quy	전지전압 電池電壓
điện áp ánh lửa	불꽃전압 불꽃 電壓
điện áp bão hòa	포화전압 飽和電壓
điện áp cao tần	고주파전압 高周波電壓
điện áp cho phép	허용전압 許容電壓
điện áp công suất	출력전압 出力電壓
điện áp cực âm	음극전압 陰極電壓
điện áp cực dương	양극전압 陽極電壓
điện áp dị thường	이상전압 異常電壓
điện áp điểm hỏa	점화전압 點火電壓
điện áp điện ly	전리전압 電離電壓
điện áp đúng quy cách	정격전압 定格電壓
điện áp đường không trung	공중선전압 空中線電壓
điện áp khởi động	구동전압 驅動電壓
điện áp không	영전압 零電壓
điện áp không gánh nặng	무부하전압 無負荷電壓
điện áp mở rộng	개방전압 開放電壓
điện áp nguồn điện	전원전압 電源電壓
điện áp ổ có phích cắm	단자전압 端子電壓
điện áp phân cực	분극전압 分極電壓

điện áp phân phối	배전압 配電壓
điện áp phương hướng ngược	역방향전압 逆方向電壓
điện áp quá độ	과도전압 過渡電壓
điện áp sốc	충격전압 衝擊電壓
điện áp thấp	저전압 低電壓
điện áp thiên hướng	편향전압 偏向電壓
điện áp thứ nhất	일차전압 一次電壓
điện áp tới hạn	임계전압 臨界電壓
điện áp xung điện	충전전압 充電電壓
điện cực ánh lửa	불꽃전극
điện cực bảo trợ	보조전극 補助電極
điện cực hai lớp	이중전극 二重電極
điện cực phản xạ	반사전극 反射電極
điện cực thiên hướng	편향전극 偏向電極
điện đài sóng ngắn	단파무선기 短波無線機
diễn đàn	포럼
điện động	동전기 動電氣
điện dương	양전기 陽電氣
điền giả	경작자 耕作者
điện giật	감전 感電
điện kế	전계 電界
điện khí dẫn đường	유도전기 誘導電氣
điện khí ma sát	마찰전기 摩擦電氣
điện khí nhiệt	열전기 熱電氣
diện kinh đô	황도면 黃道面
điện lực	전기력 電氣力
điện lực bên ngoài	피상전력 皮相電力
điện lực cao tần	고주파전력 高周波電力
điện lực chốc lát	순간전력 瞬間電力
điện lực cực dương	양극전력 陽極電力
điện lực kế	전력계 電力計
điện lực kế tích toán	적산전력계 積算電力計
điện lực tải điện	송전전력 送電電力

điện lưu bão hòa	포화전류 飽和電流
điện lưu bất biến	불변전류 不變電流
điện lưu cao tần	고주파전류 高周波電流
điện lưu công suất	출력전류 出力電流
điện lưu cực âm	음극전류 陰極電流
điện lưu cực dương	양극전류 陽極電流
điện lưu dẫn	전도전류 傳導電流
điện lưu dẫn đầu	유도전류 誘導電流
điện lưu địa	지전류 地電流
điện lưu điện áp thấp	저전압전류 低電壓電流
điện lưu điện một pha	단상전류 單相電流
điện lưu định	정전류 定電流
điện lưu đúng	정격전류 定格電流
điện lưu giao lưu	교류전류 交流電流
điện lưu giới hạn	한계전류 限界電流
điện lưu hiện tượng điện ly	전리전류 電離電流
điện lưu ion nhiệt	열이온전류
điện lưu kế	검류계 檢流計, 전류계 電流計
điện lưu kế nhiệt điện	열전검류계 熱電檢流計
điện lưu khai phóng	개방전류 開放電流
điện lưu mạch điện ngắn	단락전류 短絡電流
điện lưu mạch trực tiếp	직류전류 直流電流
điện lưu mạnh	강전류 强電流
điện lưu phương hướng ngược	역방향전류 逆方向電流
điện lưu sử dụng	사용전류 使用電流
điện lưu tách nhánh	분기전류 分岐電流
điện lưu thứ nhất	일차전류 一次電流
điện lưu thứ nhì	이차전류 二次電流
điện lưu trong giây lát	순간전류 瞬間電流
điện lưu xung điện	충전전류 充電電流
điện lưu xuyên thấu	투과전류 透過電流
điện lưu yếu	약전류 弱電流
điện ly bề mặt	표면전리 表面電離

điện ly lần một	일차전리 一次電離
điện ly nhiệt	열전리 熱電離
điện ly quang	광전리 光電離
điện một pha	단상 單相
diện ngân hà	은하면 銀河面
điện nghiệm	검전기 檢電器
diện nhắm bắn	조준면 照準面
điện nhiệt	전열 電熱
diện phản chiếu	투영면 投影面
điện tâm đồ	심전도 心電圖
điện tâm kế	심전계 心電計
diễn tập trước	예행연습 豫行演習
điện thế bề mặt	계면전위 界面電位
điện thế cực âm	음극전위 陰極電位
điện thế cực dương	양극전위 陽極電位
điện thế đất	지전위 地電位
điện thế di động	이동전위 移動電位
điện thế điện cực	전극전위 電極電位
điện thế số không	영전위 零電位
diện thiên vị	편파면 偏波面
điện thoại vô tuyến	무선전화 無線電話
điện thủy lực	수력전기 水力電氣
điện tích âm	음전하 陰電荷
diện tích băng qua	횡단면적 橫斷面積
diện tích băng qua trung ương	중앙횡단면적 中央橫斷面積
điện tích bề mặt	표면전하 表面電荷
diện tích canh tác	경작면적 耕作面積
diện tích cắt hoàn toàn	전단면적 全斷面積
diện tích chất hàng hóa	적하면적 積荷面積
diện tích chứa nước	저수면적 貯水面積
diện tích chuyên dụng	전용면적 專用面積
diện tích cung cấp	공급면적 供給面積
diện tích cung cấp bồi thường	유상공급면적 有償供給面積

diện tích cung cấp không thu tiền	무상공급면적 無償供給面積
diện tích điện tử	전자전하 電子電荷
diện tích đơn vị	단위면적 單位面積
diện tích hữu hiệu	유효면적 有效面積
diện tích kế	면적계 面積計
diện tích khả năng kiến trúc	건축가능면적 建築可能面積
điện tích không gian	공간전하 空間電荷
diện tích khuếch tán	확산면적 擴散面積
diện tích kiến trúc	건축면적 建築面積
diện tích lối ra	개구면적 開口面積
diện tích lưu vực	유역면적 流域面積
diện tích mặt bằng	평면적 平面的
diện tích mặt cắt	단면적 斷面積
diện tích mặt cắt cực nhỏ	미시단면적 微視斷面積
diện tích mặt cắt hữu hiệu	유효단면적 有效斷面的
diện tích mặt cắt vĩ mô	거시단면적 巨視斷面積
diện tích sàn xây dựng	용적률 容積率
diện tích thoát nước	배수면적 排水面積
diện tích tiếp đất	접지면적 接地面積
diện tích tòa	건평 建坪
diện tích tòa	평수(건평) 坪數
diện tiêu chuẩn	기준면 基準面
điện tín	전신 電信
điện tử âm	음전자 陰電子
điện từ kế	전자계 電磁界
điện tử nhiệt	열전자 熱電子
điện tử quỹ đạo	궤도전자 軌道電子
điện tử thứ nhì	이차전자 二次電子
điện tù tính	전자성 電磁性
diện xích đạo	적도면 赤道面
diệp lục thể	엽록체 葉綠體
diệp lục tố	엽록소 葉綠素
điều chỉnh	조정 調整

điều chỉnh điện áp	전압조정 電壓調整
điều chỉnh lại vùng mục đích sử dụng	용도지역재조정 用途地域再調整
điều chỉnh tần số	주파수조정 周波數調整
điều chỉnh thời kỳ điểm hỏa	점화시기조정 點火時期調整
điều chỉnh vị trí	위상조정 位相調整
điều đỉnh bánh xe	차륜조정 車輪調整
điều đỉnh điện áp	전압조정 電壓調整
điều đỉnh tần số	주파수조정 周波數調整
điều dưỡng	요양 療養
điều hòa	조화 調和
điều khiển giao thông	교통정리 交通整理
điều khoản	조항 條項
điều kiện	조건 條件
điều kiện khí tượng	기상조건 氣象條件
điều kiện sử dụng	사용조건 使用條件
điều lệ	조례 條例
điều lệ khu vực mục đích sử dụng	용도지역조례 用途地域條例
điều lệ thuộc	부칙 附則
điều tiết lũ lụt	홍수조절 洪水調節
điều tra chẩn đoán	진단검사 診斷檢査
điều tra chất đất	토질조사 土質調査
điều tra có tính thích đáng kinh tế kỹ thuật	기술경제타당성조사 技術經濟妥當性調査
điều tra cửa cống	수문조사 水門調査
điều tra dân số	인구조사 人口調査
điều tra địa chất	지질조사 地質調査
điều tra định kỳ	정기검사 定期檢査
điều tra giao thông nơi giao điểm	교차점교통조사 交叉點交通調査
điều tra hiện trường	현장조사 現場調査
điều tra khối lượng	질량검사 質量檢査
điều tra lợi dụng đất	토지이용조사 土地利用調査

điều tra lượng giao thông	교통량조사 交通量調査
điều tra thống kê lợi dụng giao thông	교통이용통계조사 交通利用統計調査
điều tra thống kê nghề kiến thiết	건설업통계조사 建設業統計調査
điều tra tổng hợp	종합검사 綜合檢査
điều trị	치료 治療
điều ước hàng không	항공조약 航空條約
điều ước ngăn chặn khuếch tán hạt nhân	핵확산방지조약 核擴散防止條約
điều ước trung lập	중립조약 中立條約
định áp	정압 定壓
dính kết	교착 膠着
định kỳ	정기 定期
định lượng	정량 定量
định nghĩa	정의 定義
đỉnh núi	산정 山頂
định số vị trí	위상정수 位相定數
đình trệ	정체 停滯
diôt phát sáng ra	발광다이오드
độ ẩm	습도 濕度
độ ẩm thích hợp nhất	최적습도 最適濕度
độ ẩm tuyệt đối	절대습도 絕對濕度
đồ án	도안 圖案
độ ảnh bắt sáng	감광도 感光度
độ bành trướng	팽창도 膨脹度
độ bão hòa	포화도 飽和度
độ bền	내구도 耐久度
đổ bộ	상륙 上陸
đo bờ biển	해안측량 海岸測量
độ cao	고도 高度
đo cao độ	고도측정 高度測定
đo cao độ	측고도 測高度
đo cao kế	측고계 測高計

độ chân động	진도 震度
độ chất dẻo	가소도 可塑度
độ chế ngự	제어도 制御度
độ chiếu sáng	조명도 照明度
độ chính xác	정밀도 精密度
độ chịu đựng	내구도 耐久度
độ chịu hỏa	내화도 耐火度
đo công trình	공정측량 工程測量
đo cự ly	거리측정 距離測定
đo cự ly vô tuyến	무선거리측정 無線距離測定
độ cứng hóa bề mặt	표면경화도 表面硬化度
độ cứng thiết kế	설계강도 設計剛度
độ cứng tương đối	상대강도 相對剛度
đo địa	측지 測地
đo địa hình	지형측량 地形測量
độ diêm cơ	염기도 鹽基度
dò điện kế	검루계 檢漏計
độ điện ly	전리도 電離度
độ dính	점도 粘度
độ dính bề mặt	표면점도 表面粘度
độ dính kế	점도계 粘度計
độ dính vốn có	고유점도 固有粘度
đo độ	측도 測度
độ đo tổng hợp địa vật địa hình	지형지물종합측도 地形地物綜合測度
độ dốc	경사도 傾斜度
đồ đúc	주물 鑄物
độ đục	탁도 濁度
đồ đúc cương	강주물 鋼鑄物
độ đục kế	탁도계 濁度計
đồ đúc mạnh	강주물 鋼鑄物
đồ dùng	용품 用品
đo đường ranh giới	경계선측량 境界線測量
đo đường thủy	수로측량 水路測量

đo giác	각측량 角測量
đồ gốm sứ	사기 沙器
đo hầm mỏ	광산측량 鑛山測量
đo hình ảnh hàng không	항공사진측량 航空寫眞測量
độ khô và ướt	건습도 乾濕度
đo kiến trúc	건축측량 建築測量
đo kinh tuyến và vĩ tuyến	경위도측량 經緯度測量
độ lãnh cảm	불감도 不感度
đo lường	계량 計量
đo lường	구적 求積
đo lường	실측 實測
đo lường bức ảnh	사진측량 寫眞測量
đo lường đất	토지측량 土地測量
đo lường địa hình hàng không	항공지형측량 航空地形測量
đo lường động đất	지진계측 地震計測
đo lường đường thẳng	기선측량 基線測量
đo lường hàng không	항공측량 航空測量
đo lường học địa hình	지형측량학 地形測量學
đo lường sông nước	하천측량 河川測量
đo lường từ khí	자기측량 磁氣測量
đo lường viễn	원격측정 遠隔測定
đo lưu tốc	유속측정 流速測定
độ mặn	염분 鹽分
độ mặn kế	염분계 鹽分計
đo mặt bằng	평면측량 平面測量
đồ mặt băng qua	횡단면도 橫斷面圖
đo máy móc	기기측량 機器測量
độ mệt mỏi	피로도 疲勞度
đo mức	수준측량 水準測量
đo ngoại ô	야외측량 野外測量
độ nguy hiểm	위험도
độ ô nhiễm	오염도 汚染度
độ ổn định	안정도 安定度
độ ổn định ôxy hóa	산화안정도 酸化安定度

độ ổn định tần số	주파수안정도 周波數安定度
độ phản ứng	반응도 反應度
độ phát sinh	발생도 發生度
độ phát tán	발산도 發散度
đo phong	측풍 測風
đo phương vị	방위측정 方位測定
đo quang	측광 測光
đo quay phim	촬영측량 撮影測量
đo quay phim hàng không	항공촬영측량 航空撮影測量
đo quỹ đạo	궤도측정 軌道測定
độ rắn kế	경도계 硬度計
độ rắn kế từ khí	자기경도계 磁氣硬度計
độ sáng	광도 光度
độ sâu nước	수심 水深
độ sâu nước kế hoạch	계획수심 計劃水深
độ sét rỉ	부식도 腐蝕度
đo so sánh	비교측정 比較測定
đo tam giác	삼각측량 三角測量
đo tam giác giao hội	교회삼각측량 交會三角測量
đo thạch bản	평판측량 平板測量
độ thấp	저공 低空
độ thiên	편차 偏差
độ thiên cao thấp	고저편차 高低偏差
độ thiên lượng tử	양자편차 量子偏差
độ thiên từ khí	자기편차 磁氣偏差
độ thiên tuyệt đối	절대편차 絶對偏差
đồ thủ công	공작물 工作物
đo thực tế	실제측량 實際測量
đo thủy bình	수평측량 水平測量
độ tích hợp	집적도 集積度
dò tìm sóng vị trí	위상검파 位相檢波
độ tính axit	산성도 酸性度
độ tinh khiết	순도 純度
đo tinh xảo	정밀측정 精密測定

đo trắc viễn	원격측정 遠隔測定
đo trái đất	대지측량 大地測量
độ trầm	침하도 沈下度
đồ trang bị dành cho người tàn tật	장애인용시설물 障碍人用施設物
đo trên mặt đất	지상측량 地上測量
độ trọng hợp	중합도 重合度
đo trọng lượng	중량측량 重量測量
độ trong suốt	투명도 透明度
đo trực tiếp	직접측정 直接測定
đo từ khí	자기측정 磁氣測定
đo tuyến đường	노선측량 路線測量
đồ vật	물건 物件
đồ vật	물품 物品
đo vật lý	물리측정 物理測定
đo vệ tinh	위성측량 衛星測量
đo vị trí không gian	공간위치측정 空間位置測定
đo vị trí vô tuyến	무선위치측정 無線位置測定
đo vuông góc	수직측량 垂直測量
đổ xăng	급유 給油
đổ xăng nhiên liệu	연료급유 燃料給油
đoàn kết	결속 結束
đoạn nhiệt	단열 斷熱
đoàn tinh	성단 星團
đoàn tinh ngân hà	은하성단 銀河星團
đoán trước	예측 豫測
doanh nhân xây dựng	건설업자 建設業者
độc	독 毒
độc đáo	고유 固有
độc lập	독립 獨立
dốc thoai thoải	완경사 緩傾斜
độc tính	독성 毒性
độc tính còn lại	잔류독성 殘溜毒性
độc tố	독소 毒素

đới Bắc cực	북극대 北極帶
đôi bên	쌍방 雙方
đội hình một hàng	일렬대형 一列隊形
đổi màu	변색 變色
đới nam cực	남극대 南極帶
đối sách bảo hộ	보호대책 保護對策
đối sách tai hại	재해대책 災害對策
đồn cảnh sát	경찰서 警察署
đơn điệu	단조 單調
đơn giá tiền công trình	공사비단가 工事費單價
đơn giản hóa	간소화 簡素化
đồn kết hợp	합성보 合成堡
đồn liên tục	연속보 連續堡
đồn lũy	보루 堡壘
đồn lũy đơn thuần	단순보 單純堡
đơn nhất hóa	단일화 單一化
đơn thuần	단순 單純
đơn vị cơ sở	기본단위 基本單位
đơn vị cơ sở khối lượng	질량기본단위 質量基本單位
đơn vị khối lượng	질량단위 質量單位
đơn vị nóng	열단위 熱單位
đơn vị thần kinh	신경단위 神經單位
đơn vị trọng lực	중력단위 重力單位
đơn vị tuyệt đối	절대단위 絶對單位
đơn vị vật lý	물리단위 物理單位
đơn xin	신청 申請
đơn xin vắng mặt	결석계 缺席届
đồng axit axetic	초산동 醋酸銅
đồng axit cácbonic	탄산동 炭酸銅
đóng băng	결빙 結氷
đóng băng	동결 凍結
đồng bằng	평지 平地
đồng cảm âm hưởng	음향공명 音響共鳴
đồng cảm từ khí	자기공명 磁氣共鳴

động cơ	발동기 發動機
động cơ điện giao lưu	교류전동기 交流電動機
động cơ đốt trong phát điện	발전용내연기관 發電用內燃機關
đóng cục	응결 凝結
đồng dạng	동형 同形
động đất	지진 地震
động đất học	지진학 地震學
động đất kế	지진계 地震計
động đất mạnh	강진 强震
đóng dấu	검인 檢印
đồng điện	전기동 電氣銅
động điện khí	동전기 動電氣
đồng điệu	동조 同調
đồng điệu điện tử	전자동조 電子同調
đồng hình vị trí	위상동형 位相同形
đồng hồ	계량 計量
đồng hồ	계량기 計量器
đồng hồ	시계 時計
đồng hồ biến hình	변형게이지
đồng hồ cốt liệu	골재계량기 骨材計量器
đồng hồ giây	초시계 秒時計
đồng hồ tiêu chuẩn	표준게이지
đóng kín	밀폐 密閉
đông lại	응결 凝結
động lực	동력 動力
đồng minh tam giác	삼각동맹 三角同盟
dòng nước hơi nóng	난류 暖流
dòng nước ngầm	지하수 地下水
dòng nước suối nóng	간헐천 間歇泉
đồng ruộng	농지 農地
động tác	동작 動作
động tác trên dưới	상하동작 上下動作
đồng thiếc	청동 靑銅
đồng thời	동시 同時

đồng thứ nhất ốcxy hóa	산화제일동 酸化第一銅
đồng tộc dị tính	동족이성 同族異性
đồng trắng	백동 白銅
đồng trục	동축 同軸
động vật	동물 動物
động vật học	동물학 動物學
đồng ý	동의 同意
đốt cháy bên trong	내연 內燃
đốt cháy không hoàn toàn	불완전연소 不完全燃燒
đốt cháy nhiên liệu	연료연소 燃料燃燒
đợt rét	한파 寒波
đốt sạch	소각 燒却
dự báo	예보 豫報
dự định	예정 豫定
dữ liệu	데이터
dữ liệu điểm	점데이터
dư luận	여론 與論
du nhập	유입 流入
du nhập bộ phận	부분유입 部分流入
dư nhiệt	여열 餘熱
dự phòng lũ lụt	홍수예방 洪水豫防
dư thừa	여분 餘分
dự toán	예산 豫算
dự toán cá biệt	개별예산 個別豫算
dự toán chi phí	비용예산 費用豫算
dự toán công trình	공정예산 工程豫算
dự toán đặc biệt	특별예산 特別豫算
dự toán dự bị	예비예산 豫備豫算
dự toán nguyệt san	월간예산 月間豫算
dự toán phân kỳ	분기예산 分期豫算
dự toán tài vụ	재무예산 財務豫算
dự toán thêm	추가예산 追加豫算
dự toán thi công	시공예산 施工豫算
dự toán thiết kế	설계예산 設計豫算

dự toán thiết kế cơ sở	기본설계예산 基本設計豫算
dự toán thiết kế kỹ thuật	기술설계예산 技術設計豫算
dự toán thiết kế thi hành	실시설계예산 實施設計豫算
dự toán tiêu chuẩn công trình xây dựng	건설공사표준품셈
dự toán tổng hợp	종합예산 綜合豫算
dự toán trong năm	연간예산 年間豫算
dự toán xây dựng cơ sở	기초건설예산 基礎建設豫算
đưa ra tạm	임시반출 臨時搬出
đưa vào	투입 投入
đưa vào tạm	임시반입 臨時搬入
dùng chung	병용 竝用
dụng cụ	기구 器具, 기재 器材
dụng cụ chiếu sáng	조명기구 照明器具
dụng cụ đóng kín	밀폐용기 密閉容器
dụng cụ lặn xuống	잠수기구 潛水器具
dụng cụ thông tin phát truyền	중계용통신기재 中繼用通信機材
dụng cụ vẽ bản thiết kế	제도기 製圖器
dung dịch	용액 溶液
dung dịch bão hòa	포화용액 飽和溶液
dung dịch chất điện phân	전해질용액 電解質溶液
dung dịch cộng tồn	공존용액 共存溶液
dung dịch hòa tan trong nước	수용액 水溶液
dung dịch quá bão hòa	과포화용액 過飽和溶液
dung hợp hạt nhân	핵융합 核融合
dừng lại	정차 停車
dung lượng chứa nước	저수용량 貯水容量
dung lượng công suất mạch điện ngắn	단락출력용량 短絡出力容量
dung lượng dẫn đầu từ khí	자기유도용량 磁氣誘導容量
dung lượng điện	전기용량 電氣容量
dung lượng gánh nặng	부하용량 負荷容量
dung lượng giao thông khả năng	가능교통용량 可能交通容量

dung lượng hàng	하중용량 荷重容量
dung lượng hình học	기하용량 幾何容量
dung lượng hình thức thích hợp	정격용량 定格容量
dung lượng hữu hiệu	유효용량 有效容量
dung lượng kỷ hà	기하용량 幾何容量
dung lượng ký ức	기억용량 記憶容量
dung lượng lưu lại mạch điện ngắn	단락입력용량 短絡入力容量
dung lượng nhà máy phát điện	발전소용량 發電所容量
dung lượng nhiên liệu	연료용량 燃料容量
dung lượng nhiệt	열용량 熱容量
dung lượng nội bộ	내부용량 內部容量
dung lượng thu dụng	수용용량 收用容量
dung lượng truyền đạt mạch điện ngắn	단락전달용량 短絡傳達容量
dung môi	용매 溶媒
dung môi rút ra	추출용매 抽出溶媒
dung nham	용암 鎔巖
đúng quy cách	정격 定格
dung sai	허용차 許容差
dung tích	용적 容積
dung tích đơn vị	단위용적 單位容積
dung tích tháo nước	배수용적 排水容積
dược học	약학 藥學
đuôi	말단 末端
dưới	이하 以下
dưới da	피하 皮下
dưới số không	영하 零下
dưới sông	하저 河底
dưới tàu	선저(배밑) 船底
đường bắn	사거리 射距離
đường băng ngang	건널목
đường băng qua	횡단선 橫斷線

đường bảo trợ	보조선 補助線
đường bảo vệ	경계선 警戒線
đường bên cạnh	측도 側道
đường biên giới	국경선 國境線
đường cao thấp	고저선 高低線
đường cao tốc	고속도로 高速道路
đường cao tốc thành phố	도시고속도로 都市高速道路
đường cầu cao	고가도로 高架道路
đường chân trời	수평선 水平線
đường chia	기로 岐路
đường chính	간선도로 幹線道路
đường cho xe	차도 車道
đường chữ thập	십자선 十字線
đường chứa nước	저수로 貯水路
đường có mái vòm	아케이드
đường cơ sở	기본선 基本線
đường có thu lệ phí	유료도로 有料道路
đường cong	곡선 曲線
đường cong áp lực	압력곡선 壓力曲線
đường cong bành trướng	팽창곡선 膨脹曲線
đường cong bão hòa	포화곡선 飽和曲線
đường cong bổ chính	보정곡선 補正曲線
đường cong cao độ	고도곡선 高度曲線
đường cong cấp	등위곡선 登位曲線
đường cong chống chạy	주행저항곡선 走行抵抗曲線
đường cong chống đối	저항곡선 抵抗曲線
đường cong chưng cất	증류곡선 蒸溜曲線
đường cong đặc tính	특성곡선 特性曲線
đường cong đặc tính bên ngoài	외부특성곡선 外部特性曲線
đường cong đặc tính gánh nặng	부하특성곡선 負荷特性曲線
đường cong đặc tính mạch điện ngắn	단락특성곡선 短絡特性曲線
đường cong đi ngang qua	종단곡선 縱斷曲線
đường cong điện lưu	전류곡선 電流曲線

đường cong điều hòa	조화곡선 調和曲線
đường cong đôi	쌍곡선 雙曲線
đường cong đôi góc vuông	직각쌍곡선 直角雙曲線
đường cong đôi mặt cầu	구면쌍곡선 球面雙曲線
đường cong gánh nặng	부하곡선 負荷曲線
đường cong giảm bớt	완화곡선 緩和曲線
đường cong hình trụ	원추곡선 圓錐曲線
đường cong hở hang	노출곡선 露出曲線
đường cong không gian	공간곡선 空間曲線
đường cong lưu lượng mực nước	수위유량곡선 水位流量曲線
đường cong mực nước	수위곡선 水位曲線
đường công nghiệp	산업도로 産業道路
đường cong phân phối	분포곡선 分布曲線
đường cong phong tỏa	폐쇄곡선 閉鎖曲線
đường cong sai số	오차곡선 誤差曲線
đường cong sinh tồn	생존곡선 生存曲線
đường cong sửa lại	수정곡선 修正曲線
đường cong sức nổi	부력곡선 浮力曲線
đường cong sụp đổ	붕괴곡선 崩壞曲線
đường cong tải trọng	하중곡선 荷重曲線
đường cong tăng nhiệt	가열곡선 加熱曲線
đường cong thứ nhì	이차곡선 二次曲線
đường cong tích phân	적분곡선 積分曲線
đường cong tính đàn hồi	탄성곡선 彈性曲線
đường cong trái lại	반곡선 反曲線
đường cong trưởng thành	성장곡선 成長曲線
đường công viên	공원도로 公園道路
đường cong xác suất	확률곡선 確率曲線
đường cung cấp	공급로 供給路
đường cung cấp điện	배전선 配電線
đường cụt	막다른 길
đường đạn	조준선 照準線
đường dẫn nước	도수로 導水路

đường đẳng nhiệt	등온 等溫
đường dành cho người đi	인도 人道
đường đất	비포장도로 非包裝道路
đường dây	도선 導線
đường dây	전화선 電話線
đường dây cáp	가공삭도 架空索道
đường dây cáp	삭도 索道
đường đến gần	접근로 接近路
đường đi vào	진입로 進入路
đường điện	도선 導線
đường điện lực	전력선 電力線
đường dọc mé sông	강변도로 江邊道路
đường đồng mức	등고선 等高線
đường đồng mức tương tự	근사등고선 近似等高線
đường đợt một	일차도로 一次道路
đường gian tiếp	간접선 間接線
đường giới hạn	한계선 限界線
đường giới hạn kiến trúc	건축제한선 建築制限線
đường hầm	갱도 坑道
đường hầm	터널
đường hầm ngang	횡갱도 橫坑道
đường hầm vuông	수갱도 垂坑道
đường hàng không	항공로 航空路
đường hẻm	골목, 소로 小路, 협로 狹路
đường hẹp	협로 峽路
đường hình quả trứng	난형선 卵形線
đường hoàng đạo	황도 黃道
đường hồi qui bắc	북회귀선 北回歸線
đường hồi qui nam	남회귀선 南回歸線
đường khí áp	등압선 等壓線
đường không liên tục	불연속선 不連續線
đường không trung	공중선 空中線
đường khúc quanh	굴곡선 屈曲線
đường kính	내경 內徑

đường kính	직경 直徑
đường kinh tuyến	자오선 子午線
đường kinh tuyến tiêu chuẩn	기준자오선 基準子午線
đường kinh tuyến trái đất	지구자오선 地球子午線
đường lãnh hải	영해선 領海線
đường lắp ráp	조립라인
đường lát bằng bê tông	콘크리트 포장도로
đường liên kết	접속선 接續線
đường lối	노선 路線
đường lối	진로 進路
đường lối hình vòng	환상노선 環狀路線
đường lối tuần hoàn	순환노선 循環路線
đường lũ lụt	홍수로 洪水路
đường một chiều biến đổi	가변일방통행 可變一方通行
đường một hướng	일방향선 一方向線
đường mưa	우수로 雨水路
đường nét	윤곽 輪廓
đường nghiêng	경사 傾斜
đường nghiêng giới hạn	한계경사 限界傾斜
đường nghiêng hoàng đạo	황도경사 黃道傾斜
đường nghiêng xích đạo	적도경사 赤道傾斜
đường ngoài	외곽 外廓
đường nhánh	지선 支線
đường nhiều chấm	점선 點線
đường nhiều tuyến đường	다차선도로 多車線道路
đường nhỏ	오솔길
đường nối tiếp một hướng	일방향중계선 一方向中繼線
đường nứt co lại	수축균열 收縮龜裂
đường nứt mai rùa	거북등균열 거북등 龜裂
đường ở trên không	가공선 架空線
đường phân chia	분할선 分割線
đường phân nước	분수령 分水嶺
đường phố	가구 街區, 가도 街道
đường phố chính	간선가로 幹線街路

đường phố trung tâm	중심가 中心街
đường phong tỏa	폐선 閉線
đường răng-cưa	점선 點線
đường ray bảo vệ	가드레일
đường ray hẹp	협궤 狹軌
đường ray rộng	광궤 廣軌
đường ray xe lửa	레일
đường rút ra	인출선 引出線
đường sắt	선로 線路, 철도 鐵道
đường sắt cầu cao	고가철도 高架鐵道
đường sắt chính	간선철도 幹線鐵道
đường sắt điện	전기철도 電氣鐵道
đường sắt hàng đôi	복선철도 複線鐵道
đường sắt một ray	단선철도 單線鐵道
đường sắt ở trên không	가공선로 架空線路
đường sắt ray hẹp	협궤철도 狹軌鐵道
đường sắt thông tin	통신선로 通信線路
dưỡng sinh ẩm ướt	습윤양생 濕潤養生
dưỡng sinh màng	피막양생 被膜養生
đường song song	평행선 平行線
đường sử dụng công trình	공사용도로 工事用道路
đường tác dụng	작용선 作用線
đường tách ra tuyến xe	차선분리선 車線分離線
đường tập hợp	집합도로 集合道路
đường tham quan	관광도로 觀光道路
đường thẳng	일직선 一直線
đường thẳng góc	수직선 垂直線
đường thập tự	십자선 十字線
đường thoát nước	배수로 排水路
đường thung lũng	계곡로 溪谷路, 계곡선 溪谷線
đường thủy	소수 疏水, 해로 海路
đường thủy chính	간선수로 幹線水路
đường thủy hóa	소수화 疏水化
đường tiếp cận	접근로 接近路

đường tiêu chuẩn	기준선 基準線
đường tiêu chuẩn đo góc	측각기준선 測角基準線
đường trắc địa	측지선 測地線
đường trên cao	고가선 高架線
đường trên dưới	상하선 上下線
đường tréo nhau	십자로 十字路
đường trong lòng đất	지중선 地中線
đường trung hòa tử	중성자선 中性子線
đường trung tâm	중심선 中心線
đường trung tâm quỹ đạo	궤도중심선 軌道中心線
đường trung tâm sức nổi	부력중심선 浮力中心線
đường từ lực	자력선 磁力線
đường tương đương	등가선 等價線
đường vận tải	수송로 輸送路
đường vận tải chính	주운수로 主運輸路
đường vòng	순환도로 循環道路, 우회로 迂廻路
đường vùng đất	국지도로 局地道路
đường vuông	수선 垂線
đường xe cao tốc	고속차선 高速車線
đường xe đạp	자전거도로 自轉車道路
đường xe điện	전차선 電車線
đường xe giảm tốc	감속차선 減速車線
đường xe hơi riêng	승용차도로 乘用車道路
đường xe khả biến	가변차선 可變車線
đường xe tăng tốc	가속차선 加速車線
đường xích đạo	적도선 赤道線
đường xiên	사선 斜線
đường xoắn ốc	나선 螺旋
đường xuất phát	출발선 出發線
duy trì	유지 維持
duy trì sinh mạng	생명유지 生命維持

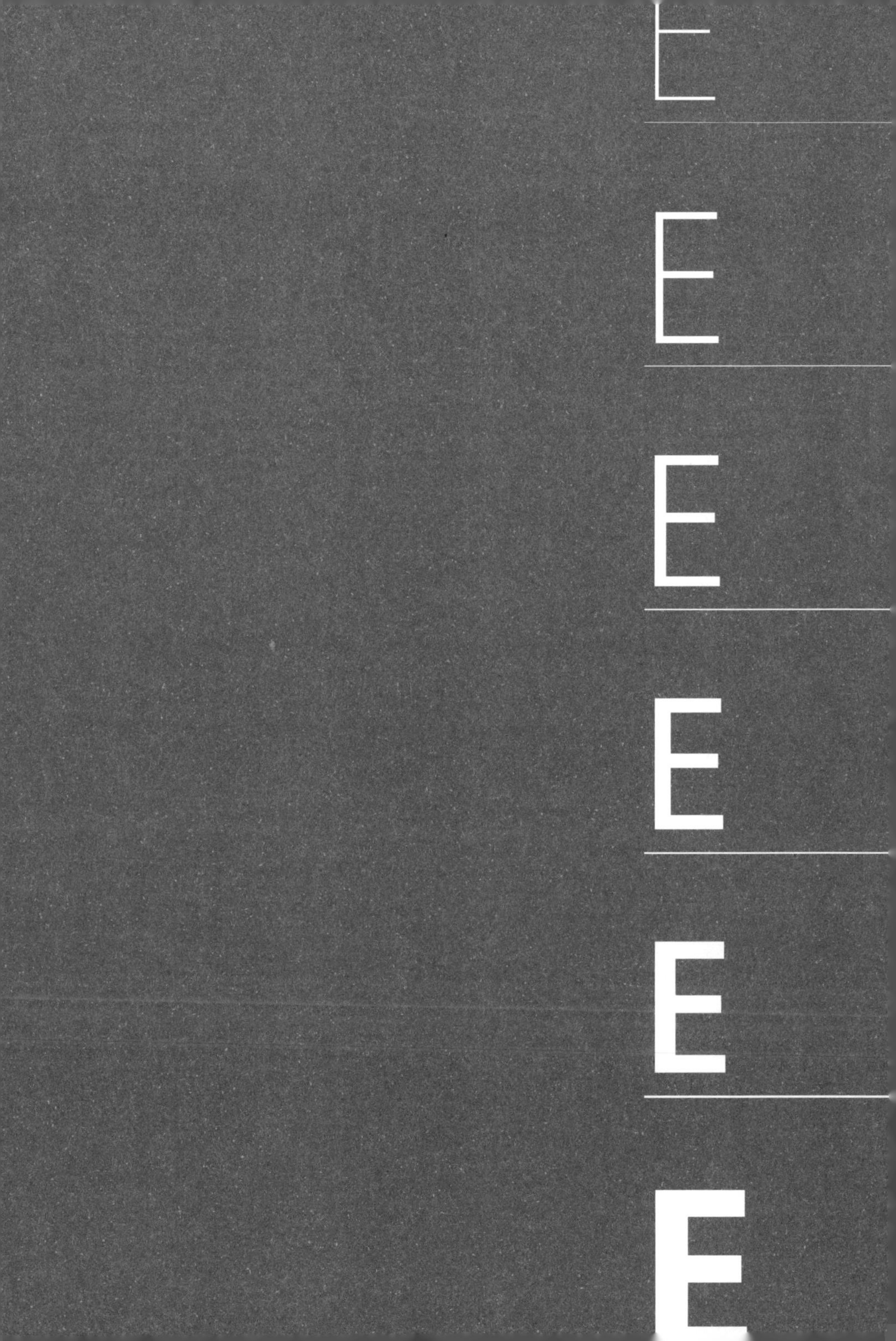

eo	허리
ê ke	정사각형 正四角形
ê-ke	삼각자 三角–
eo	허리(신체)
eo biển	해협 海峽
eo đất	지협 地峽
ét	조수 助手
ê-te	에테르

ga dịch hóa	액화가스
ga độc	독가스
ga đốt cháy	연소가스
ga nén	압축가스
ga nhiên liệu	연료가스
ga phóng xạ	방사성가스
ga phún xạ	분사가스
ga ra ô tô	차고 車庫
ga tự nhiên	천연가스
gạch	연와(벽돌) 煉瓦
gạch bỏ	삭제 削除
gần giống	근사 近似
gang	주철 鑄鐵
gánh nặng bộ phận	부분부하 部分負荷
gánh nặng dẫn đường	유도부하 誘導負荷
gánh nặng đúng quy cách	정격부하 定格負荷
gánh nặng đường thẳng	직선부하 直線負荷
gánh nặng nhiệt	열부하 熱負荷
gánh nặng trong giây lát	순간부하 瞬間負荷
gấp ba lần	삼중 三重
ghi bỏ sót	생략표기 省略表記
ghi chép kế động đất	지진기록계 地震記錄計
ghi chép quan sát	관측기록 觀測記錄
ghi vào sổ	부기 簿記
giá cả nguyên tử	원자가 原子價
giá cả tổng báo giá	총견적가격 總見積價格
gia công	가공 加工
gia công gỗ	목재가공 木材加工
gia công kim loại	금속가공 金屬加工
gia công nhiệt độ cao	고온가공 高溫加工
gia công tinh xảo	정밀가공 精密加工
giá đỡ ba chân	삼각대 三脚臺
giả mạo	위조 僞造
giá nguyên tử công hữu	공유원자가 共有原子價

gia nhiệt	가열 加熱
giá rị thị trường	시장가치 市場價値
giá tiền hợp đồng	계약금액 契約金額
gia tốc dao động	발진가속 發進加速
gia tốc kế	가속계 加速計
giá trị lý tưởng	이상치 理想値
giá trị tính toán	계산치 計算値
giá trị trung bình	중앙치 中央値
giá trị xấp xỉ	근사치 近似値
giai đoạn	단계 段階
giải độc	해독 解毒
giải đọc dấu hiệu	부호해독 符號解讀
giải mã không ảnh	항공사진판독 航空寫眞判讀
giải pháp sơ đồ	도식해법 圖式解法
giải thích	설명 說明
giải thích	해독 解讀
giải thích dấu hiệu	부호해독 符號解讀
giải tích cấu tạo	구조해석 構造解析
giải tích thông thường	일반해석 一般解析
giải tỏa	해제 解除
giảm áp	감압 減壓
giảm áp biến	감압변 減壓變
giảm bớt	저하 低下
giảm cân	감량 減量
giám định	감정 鑑定
giám đốc	감독 監督
giám đốc hiện trường	현장감독 現場監督
giám đốc kế hoạch làm việc	작업계획감독 作業計劃監督
giám đốc kỹ thuật	기술감독 技術監督
giám đốc làm việc	작업감독 作業監督
giám đốc việc ngoài	외업감독 外業監督
giám khảo	감독자 監督者
giảm nhẹ	완화 緩和
giám sát	감시 監視

giảm sóc	완충 緩衝
giảm sút	감소 減少
giảm tốc	감속 減速
giảm xuống	강하 降下
giảm xuống áp lực	압력강하 壓力降下
giảm xuống điện áp	전압강하 電壓降下
gián đoạn	중단 中斷
giao điện cơ	교류발전기 交流發電機
giao hoán điện tử	전자교환 電子交換
giao hoán nguyên tố đồng vị	동위원소교환 同位元素交換
giao hoán nhiệt	열교환 熱交換
giao lưu kỹ thuật khoa học	과학기술교류 科學技術交流
giao nhau	교차 交叉
giao nhau đơn thuần	단순교차 單純交叉
giao thông	교통 交通
giao thông đại chúng	대중교통 大衆交通
giao thông đường	도로교통 道路交通
giao thông đường sắt giữa thành phố	도시간철도교통 都市間鐵道交通
giao thông hàng không	항공교통 航空交通
giao thông khai thác	개발교통 開發交通
giao thông nội thành	시내교통 市內交通
giao thông trên đất	지상교통 地上交通
giao thông vận tải hàng hóa	화물수송교통 貨物輸送交通
giao thông vùng đất	국지교통 局地交通
giấy ảnh bắt sáng	감광지 感光紙
giấy chứng minh	증명서 證明書
giấy chứng nhận loại tàu thuyền	선급증서 船級證書
giấy dán tường	벽지 壁紙
giấy giám định	감정서 鑑定書
giấy hợp đồng	계약서 契約書
giấy phô tô copy	복사용지 複寫用紙
giây phút cuối cùng	단말마 斷末魔

gien	유전자 遺傳子
gien học	유전학 遺傳學
giếng	우물 井
gió bên cạnh	측풍 側風
gió biển	해풍 海風
giờ địa phương	지방시 地方時
giờ do theo một định tinh	항성시 恒星時
gió đông xích đạo	적도동풍 赤道東風
giờ dự định	예정시간 豫定時間
giờ hàng hải	항해시 航海時
gió khô	건풍 乾風
gió không cố định	부정풍 不定風
gió mạnh	강풍 强風
gió mậu dịch	무역풍 貿易風
gió nghiêng đổ	경도풍 傾度風
gió ngược	역풍 逆風
gió nóng	열풍 熱風
gió tây xích đạo	적도서풍 赤道西風
giờ thăng bằng	평형시간 平衡時間
gió thổi từ đông đến tây	편동풍 偏東風
gió thổi từ tây đến đông	편서풍 偏西風
gió thung lũng	산곡풍 山谷風
gió trên đất	지상풍 地上風
giới hạn	제한 制限
giới hạn	한계 限界
giới hạn bùng nổ	폭발한계 爆發限界
giới hạn chiều cao	높이제한 높이制限
giới hạn chịu áp	내압한도 耐壓限度
giới hạn cho phép	허용한계 許容限界
giới hạn co lại	수축한계 收縮限界
giới hạn độ cao	고도제한 高度制限
giới hạn đốt cháy	연소한계 燃燒限界
giới hạn kiến trúc	건축한계 建築限界
giới hạn mệt mỏi	피로한계 疲勞限界

giới hạn quang điện	광전한계 光電限界
giới hạn sai số	오차한계 誤差限界
giới hạn sai số chung	공차한계 公差限界
giới hạn tăng lên	상승한도 上昇限度
giới hạn tính chất dẻo	소성한계 塑性限界
giới hạn tính đàn hồi	탄성한계 彈性限界
giới hạn tính dịch	액성한계 液性限界
giới hạn tốc độ thặng dư	초과속도한계 超過速度限界
giới hạn tốc lực	속력한계 速力限界
giới hạn tối đa	상한선 上限線
giới thực vật	식물계 植物界
giới tự nhiên	자연계 自然界
giống người	인종 人種
giọt nước	점적 點滴
giữ ấm	보온 保溫
gỗ hầm	갱목 坑木
gỗ thô	원목 原木
góc biến vị	각변위 角變位
góc bình	평각 平角
góc cao thấp	고저각 高低角
góc chiếu	투사각 透射角
góc chuyển hướng	전향각 轉向角
góc cơ sở	기본각 基本角
góc đến gần	근접각 近接角
góc đều	등각 等角
góc đính chỉnh thiên lưu	편류교정각 偏流校正角
góc độ	각도 角度
góc độ kế	각도계 角度計
góc độ quỹ đạo	궤도각도 軌道角度
góc dốc	경사각 傾斜角
góc dốc ngang	횡경사각 橫傾斜角
góc dốc quỹ đạo	궤도경사각 軌道傾斜角
góc dư	여각 餘角
góc du nhập	유입각 流入角

góc giới hạn	한계각 限界角
góc khúc xạ	굴절각 屈折角
góc khúc xạ	입사각 入射角
góc lập thể	입체각 立體角
góc mặt bằng	평면각 平面角
góc mặt cầu	구면각 球面角
góc mặt nghiêng	구배각 勾配角
góc ngoài	외각 外角
góc nhắm	조준각 照準角
góc nhuệ	예각 銳角
góc nổ súng	발사각 發射角
góc nội	내각 內角
góc phân cực quang	편광각 偏光角
góc phản xạ	반사각 反射角
góc phát ra	방출각 放出角
góc phóng ra	사출각 射出角
góc phòng vệ	방위각 方位角
góc phòng vệ chân chính	진방위각 眞方位角
góc phòng vệ khống chế	통제방위각 統制方位角
góc phòng vệ ngược	역방위각 逆方位角
góc phòng vệ thiên thể	천체방위각 天體方位角
góc phòng vệ tương đối	상대방위각 相對方位角
góc phúc xạ	입사각 入射角
góc phương hướng	방향각 方向角
góc phương vị	방위각 方位角
góc phương vị ngược	역방위각 逆方位角
góc sà xuống	활공각 滑空角
góc sự lệch giờ	시차각 時差角
góc tăng lên	상승각 上昇角
góc thiên lưu	편류각 偏流角
góc tới hạn	임계각 臨界角
góc trên dưới nổ súng	발사상하각 發射上下角
góc tù	둔각 鈍角
góc tu chỉnh	수정각 修正角

góc vị trí	위치각 位置角
góc vuông	직각 直角
góc xâm nhập	침입각 侵入角
góc xiên	사각 斜角
góc xiên	편각 偏角
góc xiên kế	편각계 偏角計
gợn sóng sốc	충격파 衝擊波
gửi đi	발송 發送
gương phản chiếu	반사경 反射鏡
gương soi mặt cầu	구면경 球面鏡

hạ cánh	착륙 着陸
hạ cánh ba điểm	삼점착륙 三點着陸
hạ cánh ép buộc	불시착륙 不時着陸
hạ cánh theo máy đo	계기착륙 計器着陸
hạ chí	하지 夏至
hạ giá	가격인하 價格引下
hạ thủy	진수 進水
hạ xuống gấp	급강하 急降下
hạ xuống vuông góc	수직하강 垂直下降
hai bánh xe	이륜차 二輪車
hai bên bờ sông	양안 兩岸
hải cảng chất hàng	선적항 船積港
hải cảng mục đích	목적항 目的港
hải đồ	해도 海圖, 항해도 航海圖
hai đoạn	이단 二段
hải dương học	해양학 海洋學
hai hàng	이열 二列
hai lớp	이중 二重
hải lưu thông thường	일반해류 一般海流
hai mặt	양면 兩面
hai mặt	이원 二元
hai vòng	동심원 同心圓
hầm	갱(구덩이) 坑
hàm lượng nhiệt	열함량 熱含量
hàm lượng thán tố	탄소함량 炭素含量
hầm mỏ	광산 鑛山
hàm số không liên tục	불연속함수 不連續函數
hầm tự loại	정화조 淨化槽
hạn định	한정 限定
hạn độ tốc lực	속력한도 速力限度
hạn hán	가뭄
hàn xì arc thán tố	탄소아크용접
hàn xì axetylen ôxy	산소아세틸렌용접
hàn xì điểm	점용접 點鎔接

hàn xì điện	전기용접 電氣鎔接
hàn xì xếp hàng	병렬용접 竝列鎔接
hang	공동 空洞
hàng	행렬 行列
hàng cây bảo hộ đất	토지보호림 土地保護林
hàng cây chắn gió	방풍림 防風林
hàng cây chứa nước	저수림 貯水林
hàng cây hưu dưỡng	휴양림 休養林
hàng cây kinh tế	경제림 經濟林
hàng cây trái cây	과수림 果樹林
hàng cây trừ sâu	방충림 防蟲林
hằng đẳng thức	항등식 恒等式
hàng dọc một hàng	일렬종대 一列縱隊
hàng đôi	복선 複線
hàng đồng tộc	동족열 同族列
hàng gia công	가공품 加工品
hàng hải	항해 航海
hàng hóa	화물 貨物
hàng hóa hàng không	항공화물 航空貨物
hàng hóa thường	일반화물 一般貨物
hàng không học	항공학 航空學
hàng không mẫu hạm	항공모함 航空母艦
hàng mặt vuông	정방행렬 正方行列
hạng mục chi phí	비목 費目
hàng ngang một	일렬횡대 一列橫隊
hàng ngược	역행렬 逆行列
hạng nhất	일급 一級
hạng nhì	이급 二級
hàng nội địa	국산 國産
hạng phòng hỏa	방화등급 防火等級
hàng rào	방벽 防壁
hàng rào	울타리
hàng xóm	근린 近隣
hành chính	행정 行政

hành trình bay	비행경로 飛行經路
hành trình đốt cháy	연소행정 燃燒行程
hành trình hít vào	흡입행정 吸入行程
hành trình nén	압축행정 壓縮行程
hành trình thu hút	흡입행정 吸入行程
hao mòn	마모 磨耗
hao mòn bề mặt	표면마모 表面磨耗
hao mòn chịu	내마모 耐磨耗
hấp thu	흡수 吸收
hạt	입자 粒子
hạt giống	종자 種子
hạt nhân hyđrô ba lần	삼중수소핵 三重水素核
hạt nhân khinh khí gấp ba lần	삼중수소핵 三重水素核
hạt nhân nguyên tử	원자핵 原子核
hạt nhân nguyên tử không ổn định	불안정원자핵 不安定原子核
hạt sụp đổ	붕괴입자 崩壞粒子
hạt tạo thành	생성입자 生成粒子
hạt thứ nhất	일차입자 一次粒子
hạt tính điện ly	전리성입자 電離性粒子
hạt tinh vi	미세입자 微細粒子
hạt tố	소립자 素粒子
hạt trơ	중성입자 中性粒子
hậu phương	후방 後方
hệ môi trường	환경계 環境系
hệ số	계수 係數
hệ số an toàn	안전계수 安全係數
hệ số áp lực	압력계수 壓力係數
hệ số áp mật	압밀계수 壓密係數
hệ số bám chặt	점착계수 粘着係數
hệ số bằng nhau	균등계수 均等係數
hệ số bành trướng đường	선팽창계수 線膨脹係數
hệ số bành trướng nhiệt	열팽창계수 熱膨脹係數
hệ số bão hòa	포화계수 飽和係數

hệ số bảo tồn	보존계수	保存係數
hệ số biến động	변동계수	變動係數
hệ số bổ chính	보정계수	補正係數
hệ số bốc hơi	증발계수	蒸發係數
hệ số bức xạ	복사계수	輻射係數
hệ số chỉ hướng	지향계수	指向係數
hệ số chia ra	분리계수	分離係數
hệ số chống dẫn đường	유도저항계수	誘導抵抗係數
hệ số chống đối	저항계수	抵抗係數
hệ số chống tuyệt đối	절대저항계수	絶對抵抗係數
hệ số co lại	수축계수	收縮係數
hệ số công suất	출력계수	出力係數
hệ số cường độ	강도계수	强度係數
hệ số đặc thù	특수계수	特殊係數
hệ số điện ly	전리계수	電離係數
hệ số điện thế	전위계수	電位係數
hệ số độ trong suốt	투명도계수	透明度係數
hệ số gánh nặng	부하계수	負荷係數
hệ số giao hoán nhiệt	열교환계수	熱交換係數
hệ số hang	공동계수	空洞係數
hệ số hao mòn	마모계수	磨耗係數
hệ số họa tính	관성계수	慣性係數
hệ số hoạt động	활동계수	活動係數
hệ số hồi qui	회귀계수	回歸係數
hệ số khuếch đại	증폭계수	增幅係數
hệ số lưu lượng	유량계수	流量係數
hệ số ma sát	마찰계수	摩擦係數
hệ số ma sát vận động	운동마찰계수	運動摩擦係數
hệ số mặt băng qua trung ương	중앙횡단면계수	中央橫斷面係數
hệ số nhấc lên cao	양력계수	揚力係數
hệ số phân bố	분포계수	分布係數
hệ số phản xạ	반사계수	反射係數
hệ số phản xạ điện áp	전압반사계수	電壓反射係數

hệ số phương hướng	방향계수 方向係數
hệ số sai số	오차계수 誤差係數
hệ số sắp xếp	배열계수 配列係數
hệ số sức chống đỡ	지지력계수 支持力係數
hệ số sức gió	풍력계수 風力係數
hệ số sức lên trên thiết kế	설계양력계수 設計揚力係數
hệ số thám ba	검파계수 檢波係數
hệ số thấm vào	삼투계수 滲透係數
hệ số thổ áp	토압계수 土壓係數
hệ số thổ áp chủ động	주동토압계수 主動土壓係數
hệ số tính chất	성질계수 性質係數
hệ số tính đàn hồi	탄성계수 彈性係數
hệ số tính dính	점성계수 粘性係數
hệ số truyền đạt nhiệt	열전달계수 熱傳達係數
hệ số từ khí	자기계수 磁氣係數
hệ số va chạm mạnh	충격계수 衝擊係數
hệ số vi phân	미분계수 微分係數
hệ số xác suất	확률계수 確率係數
hệ số xuyên thấu	투과계수 透過係數
hệ thái dương	태양계 太陽系
hệ thống	계통 系統
hệ thống điện khí	전기계통 電氣系統
hệ thống điện lực	전력계통 電力系統
hệ thống đổ xăng	급유계통 給油系統
hệ thống hít vào	흡기계통 吸氣系統
hệ thống nhiên liệu	연료계통 燃料系統
hệ thống ống	관계통 管系統
hệ thống thông gió	통풍환기장치 通風換氣裝置
hiến chương liên hiệp quốc	국제연합헌장 國際聯合憲章
hiện đại	현대 現代
hiện đại hóa	현대화 現代化
hiện hành	현행 現行
hiện thực hóa	현실화 現實化
hiện trạng	현황 現況

hiện trường	현장 現場
hiện trường tai nạn	사고현장 事故現場
hiện tượng	현상 現狀
hiện tượng cổ chai	병목현상
hiện tượng điện ly	전리현상 電離現象
hiện tượng hang	공동현상 空洞現象
hiện tượng không khí	대기현상 大氣現像
hiện tượng mao dẫn	모관현상 毛管現象
hiện tượng mao quản	모관현상 毛管現像
hiện tượng mao quản điện	전기모관현상 電氣毛管現象
hiện tượng nhiệt	열현상 熱現像
hiện tượng nhiệt điện	열전현상 熱電現像
hiện vật	현물 現物
hiệp định	협정 協定
Hiệp Hội phân loại tàu thuyền	선급협회 船級協會
hiệp lực	협력 協力
hiệp ước	협약 協約
hiểu	이해 理解
hiệu lực	효력 效力
hiệu lực thuốc	약효 藥效
hiệu quả bên ngoài	외부효과 外部效果
hiệu quả bóng râm	음영효과 陰影效果
hiệu quả bùng nổ	폭발효과 爆發效果
hiệu quả của thuốc	약효 藥效
hiệu quả cực dương	양극효과 陽極效果
hiệu quả gió bão	폭풍효과 暴風效果
hiệu quả lượng tử hóa	양자화효과 量子化效果
hiệu quả ly tâm	원심효과 遠心效果
hiệu quả mặt đất	지면효과 地面效果
hiệu quả ngược lại	역효과 逆效果
hiệu quả nhà kính	온실효과 溫室效果
hiệu quả nhiệt	열효과 熱效果
hiệu quả nhiệt điện	열전효과 熱電效果
hiệu quả nhiều lớp	다중효과 多重效果

hiệu quả nóng rực	작열효과 灼熱效果
hiệu quả phát ra	방출효과 放出效果
hiệu quả phát sáng ra	발광효과 發光效果
hiệu quả quang điện	광전효과 光電效果
hiệu quả thể tích	체적효과 體積效果
hiệu quả trong sạch	청정효과 淸淨效果
hiệu quả từ khí đất	지자기효과 地磁氣效果
hiệu suất	효율 效率
hiệu suất âm hưởng	음향효율 音響效率
hiệu suất biến đổi	변환효율 變換效率
hiệu suất đoạn nhiệt	단열효율 斷熱效率
hiệu suất đốt cháy	연소효율 燃燒效率
hiệu suất nhiệt	열효율 熱效率
hiệu suất sản xuất	생산효율 生産效率
hiệu suất tăng lên	상승효율 上昇效率
hiệu suất trị thủy	관개효율 灌漑效率
hình ảnh bề mặt Hỏa tinh	화성표면사진 火星表面寫眞
hình ảnh lập thể	입체사진 立體寫眞
hình cấu	구상 球狀
hình cầu	구형 球形
hình cầu thể	구상체 球狀體
hình chữ nhật	장방형 長方形
hình cong	곡형 曲形
hình đa giác	다각형 多角形
hình dạng sao	성상 星狀
hình học	기하 幾何
hình học	기하학 幾何學
hình lá	엽상 葉狀
hình lồi	철형 凸形
hình lõm	요형 凹形
hình lưới rào	격자형 格子形
hình mạng	망형 網形
hình ngang	횡형 橫形
hình sóng	파형 波形

hình tam giác	삼각형 三角形
hình tam giác góc nhọn	예각삼각형 銳角三角形
hình tam giác mặt cầu	구면삼각형 球面三角形
hình thoi	능형 菱形
hình thức hàng	항렬식 行列式
hình thức kép	복식 複式
hình thức khung xe	차체형식 車體形式
hình tròn	원형 圓形
hình trụ	원추 圓錐
hình vẽ	도형 圖形
hình vòng	환상 環狀
hình vuông	각형(사각형) 角形
hình vuông	정방형 正方形
hình xoắn ốc	나선상 螺旋狀
hít vào	흡기 吸氣
hít vào	흡입 吸入
hồ chứa nước	저수지 貯水池
hồ điều tiết lũ lụt	홍수조절지 洪水調節池
hô hấp nhân tạo	인공호흡 人工呼吸
hồ nước	호수 湖水
hổ phách	호박 琥珀
hồ sơ	기록 記錄
hồ sơ nhân sự	인사기록 人事記錄
hóa chất	화학물질 化學物質
hóa chất chống đông	부동액 不凍液
hóa đá	규화 硅化
hóa học bề mặt	표면화학 表面化學
hóa học cao phân tử	고분자화학 高分子化學
hóa học địa cầu	지구화학 地球化學
hóa học hữu cơ	유기화학 有機化學
hóa học khoáng chất	광물화학 鑛物化學
hóa học lượng tử	양자화학 量子化學
hóa học phân tích	분석화학 分析化學
hóa học vật lý	물리화학 物理化學

hóa học vô cơ	무기화학 無機化學
hỏa lực	화력 火力
hóa sinh học	생화학 生化學
hỏa tai	화재 火災
hoa văn trang sức	아라베스크
hoa viên	정원 庭園
hoàn công	준공 竣工
hoàn nguyên	환원 還元
hoàn thành	완성 完成
hoàng đạo	황도대 黃道帶
hoàng đồng	황동 黃銅
hoàng thổ	황토 黃土
hoành độ	횡좌표 橫座標
hoạt động	활동 活動
hoạt động tính tiến hành	진행성활동 進行性活動
hoạt lưu	활류 活流
hoạt tính	활성 活性
hoạt tính bề mặt	계면활성 界面活性
hoạt tính hóa nhiệt	열활성화 熱活性化
học qua quan sát	견학 見學
học thuyết	학설 學說
hội bàn bạc	협의회 協議會
hội chữ thập đỏ	적십자사 赤十字社
hội đồng hiệp nghị	협의회 協議會
hội nghị	회의 會議
hơi nước	수증기 水蒸氣
hơi ẩm	습기 濕氣
hơi nước cao áp	고압증기 高壓蒸氣
hội quán thị dân	시민회관 市民會館
hồi quy	회귀 回歸
hội viên	회원 會員
hội viên thực tế	현재원 現在員
hòn đảo giao thông	교통섬 交通島
hỗn hợp khô ráo	건조혼합 乾燥混合

hông	옆구리
hồng cầu	적혈구 赤血球
hồng độ cao	고농도 高濃度
họng nước chữa cháy	소화전 消火栓
hỏng thi	불합격 不合格
họp báo	기자회견 記者會見
hộp bơm nước	배수전 排水栓
hợp chất	합성물 合成物
hộp chữa cháy	소화전 消火栓
hộp đen	비행기록장치(블랙박스) 飛行記錄裝置
hợp đồng	계약 契約
hợp đồng giao việc	용역계약 用役契約
hợp đồng phụ	하도급 下都給
hợp đồng thuê	임대차 賃貸借
hộp giảm tốc	감속기 減速機
hợp kim	합금 合金
hợp kim chất cứng	경질합금 硬質合金
hợp kim chịu nhiệt	내열합금 耐熱合金
hợp kim chịu ôxy	내산합금 耐酸合金
hợp kim đặc thù	특수합금 特殊合金
hợp kim không có sắt	비철합금 非鐵合金
hợp kim nhẹ	경합금 輕合金
hợp kim nhị nguyên	이원합금 二元合金
hợp kim nhiệt độ cao	고온합금 高溫合金
hợp kim sắt	철합금 鐵合金
hợp kim thán tố sắt	철탄소합금 鐵炭素合金
hợp kim từ khí	자기합금 磁氣合金
hộp phá tan	발파전 發破栓
hợp thành hóa học	화학합성 化學合成
hợp thành hữu cơ	유기합성 有機合成
hợp thành mạng mạch điện	회로망합성 回路網合成
hộp tốc độ đoạn ba	삼단변속기 三段變速機
hộp tốc độ đoạn hai	이단변속기 二段變速器
hộp tốc độ phụ	부변속기 副變速機

hộp tốc độ tự động	무단변속기 無段變速機
hộp tốc phụ	부변속기 副變速器
huân chương	훈장 勳章
hun khói	훈제 燻製
hương nghỉ ngơi yên tĩnh	안식향 安息香
hương thơm	방향 芳香
hút	흡인 吸引
hút ẩm	제습 除濕
hút khí	흡기 吸氣
hút nhiệt	열흡수 熱吸收
hữu cơ	유기 有機
hữu hiệu	유효 有效
hủy bỏ	폐지 廢止
huyết dịch	혈액 血液
huyết dịch học	혈액학 血液學
huyết quản	혈관 血管
huyết thanh miễn dịch	면역혈청 免疫血淸
hy-drô-gen pe-rô-xít	과산화수소 過酸化水素
hyđrô boron hóa	붕화수소 硼化水素

in ảnh	인화 印畫
iôn	이온
iôn âm	음이온
iôn chính	정이온
iôn dương	양이온
iôn lần hai	이차이온
iôn lần một	일차이온
ion nhiệt	열이온

ka- li axit lactic	유산칼륨
ka-li tính ăn da	가성칼리
kế hoạch	기획 企劃
kế hoạch bảo đảm xã hội	사회보장계획 社會保障計劃
kế hoạch bảo tồn	보존계획 保存計劃
kế hoạch bên cạnh	근린계획 近隣計劃
kế hoạch bố trí	배치계획 配置計劃
kế hoạch căn bản thành phố	도시기본계획 都市基本計劃
kế hoạch cấp nước	상수도계획 上水道計劃
kế hoạch cấp nước mưa	우수도계획 雨水道計劃
kế hoạch chi tiết	상세계획 詳細計劃
kế hoạch chỉnh đốn	재정비계획 再整備計劃
kế hoạch chống ô nhiễm	공해방지계획 公害防止計劃
kế hoạch cung cấp điện lực	전력공급계획 電力供給計劃
kế hoạch điều chỉnh mặt nghiêng	구배조정계획 勾配調整計劃
kế hoạch đối án	대안계획 代案計劃
kế hoạch giao thông	교통계획 交通計劃
kế hoạch khu vực	단지계획 團地計劃
kế hoạch khu vực nghiệp vụ thương mại	상업업무지역계획 商業業務地域計劃
kế hoạch lợi dụng đất	토지이용계획 土地利用計劃
kế hoạch mạng thông tin	통신망계획 通信網計劃
kế hoạch mặt bằng	대지계획 垈地計劃
kế hoạch mỹ hóa tòa nhà	건물미화계획 建物美化計劃
kế hoạch nước cống	하수도계획 下水道計劃
kế hoạch nước sử dụng	용수계획 用水計劃
kế hoạch phân tán	소개계획 疏開計劃
kế hoạch quốc gia	국가계획 國家計劃
kế hoạch quốc thổ	국토계획 國土計劃
kế hoạch sơ lược	개략계획 概略計劃
kế hoạch thành phố	도시계획 都市計劃
kế hoạch thành phố rộng lớn	광역도시계획 廣域都市計劃
kế hoạch thi công	시공계획 施工計劃

kế hoạch thông thường	일반계획 一般計劃
kế hoạch thuộc vật lý	물리적계획 物理的計劃
kế hoạch tổng hợp	종합계획 綜合計劃
kế hoạch tổng hợp khai thác	개발종합계획 開發綜合計劃
kế hoạch trồng chia	배식계획 配植計劃
kế hoạch tuyến đường	버스노선계획 버스 路線計劃
kế hoạch vùng đất xanh tươi không gian	공간녹지계획 空間綠地計劃
kế hoạch xã hội	사회계획 社會計劃
kê khai	신고 申告
kẽm	아연 亞鉛
kẽm acid sulfuric	유산아연 硫酸亞鉛
kẽm axít axetic	초산아연 醋酸亞鉛
kẽm axit cácbonic	탄산아연 炭酸亞鉛
kẽm bô	결속선 結束線
kẽm carbon	탄산아연 炭酸亞鉛
kẽm chuyển hóa	유화아연
kén chọn	선택 選擇
kén chọn vị trí	위치선정 位置選定
kênh	운하 運河
kéo dài	연기 延期
kéo dài	연장 延長
kéo dài chính diện	정면연장 正面延長
kết dây mắc nối tiếp	직렬결선 直列結線
kết hợp	결속 結束
kết hợp	합성 合成
kết hợp công hữu	공유결합 共有結合
kết hợp cực âm	음극결합 陰極結合
kết hợp cực tính	극성결합 極性結合
kết hợp đăng cực	등극결합 等極結合
kết hợp hai lần	이중결합 二重結合
kết hợp hydro	수소결합 水素結合
kết hợp khinh khí	수소결합 水素結合
kết hợp không cực tính	비극성결합 非極性結合

kết hợp kim loại	금속결합 金屬結合
kết hợp nguyên tử	배위결합 配位(원자)結合
kết hợp nhiều lớp	다중결합 多重結合
kết hợp thể	결합체 結合體
kết hợp trực tiếp	직접결합 直接結合
kết nối	접합 接合
kết quả ngược lại	역효과 逆效果
kết quả thử nghiệm	시험결과 試驗結果
kết thúc	수료 修了, 종료 終了
kết tinh cố định	고정결정 固定結晶
kết tinh kim loại	금속결정 金屬結晶
kết tinh như kim	침상결정 針狀結晶
kết toán	결산 決算
kết tuyến	결선 結線
kêu gọi	호출 呼出
kêu gọi đồng thời	동시호출 同時呼出
kêu gọi kén chọn	선택호출 選擇呼出
kêu gọi vô tuyến	무선호출 無線呼出
khả biến	가변 可變
khả năng sử dụng	사용가능성 使用可能性
khác chất	이질 異質
khác thường	이상 異常
khai hoang đất bằng thủy lợi	간척 干拓
khai khoáng thủy lực	수력채광 水力採鑛
khai mỏ	채굴 採掘
khai phát đại đơn vị	대단위개발 大單位開發
khai phát phức hợp	복합개발 複合開發
khai phát sự dùng phức hợp	복합용도개발 複合用途開發
khai phát tập hợp	집합개발 集合開發
khai phát tổng hợp quốc thổ	국토종합개발 國土綜合開發
khai phát trung tâm thành phố	도심개발 都心開發
khai phóng	개방 開放
khai quật	굴착 掘鑿
khai thác mỏ	광업 鑛業

khai thác mỏ than	석탄광업 石炭鑛業
khai thông	개통 開通
khám sức khỏe	신체검사 身體檢查
khảo cổ học	고고학 考古學
khấu hao	감가상각 減價償却
khẩu kính	구경 口徑
khẩu trang chống bụi	방진마스크
khẩu trang ôxy	산소마스크
khẩu(đường) kính	구경 口徑
khe hở	간극 間隙, 공극 空隙
khe hở ánh lửa	불꽃간극
khe hở điện cực	전극간극 電極間隙
khe hở kế	간극계 間隙計
khí agon	아르곤
khí amoniac	암모니아
khí áp	기압 氣壓
khí áp cao	고기압 高氣壓
khí áp cao tính lạnh lẽo	한랭성고기압 寒冷性高氣壓
khí áp kế	기압계 氣壓計
khí áp thấp	저기압 低氣壓
khí áp thấp đại lục	대륙성저기압 大陸性低氣壓
khí áp thấp địa hình	지형성저기압 地形性低氣壓
khí áp thấp lạnh lẽo	한랭성저기압 寒冷性低氣壓
khí áp thấp nhiệt đới	열대저기압 熱帶低氣壓
khí bay hơi	기화기 氣化器
khí bay hơi phun nước	분무기화기 噴霧氣化器
khí bay hơi phún xạ	분사기화기 噴射氣化器
khí cầu giám sát	감시기구 監視氣球
khí đoàn	기단
khí đoàn Á nhiệt đới	아열대기단 亞熱帶氣團
khí đoàn đại lục	대륙기단 大陸氣團
khí đoàn vòng đai lạnh	아한대기단 亞寒帶氣團
khí đoàn xích đạo	적도기단 赤道氣團
khí hậu	기후 氣候

khí hậu đại lục	대륙기후 大陸氣候
khí hậu hàn đới	한대기후 寒帶氣候
khí hậu khô ráo	건조기후 乾燥氣候
khí hậu nhân tạo	인공기후 人工氣候
khí hậu xích đạo	적도기후 赤道氣候
khí hóa	기화 氣化
khí hóa nhiên liệu	연료기화 燃料氣化
khí lưu xung đột	충돌기류 衝突氣流
khí nitơ ốcxy hóa	산화질소 酸化窒素
khí ozon	오존
khí ozon kế	오존계
khí quyển	대권 大圈
khí tượng học	기상학 氣象學
khí tượng học hàng không	항공기상학 航空氣象學
khí tượng học thiên thể	천체기상학 天體氣象學
khí tượng kế tự ký	자기기상계 自記氣象計
khinh khí	수소 水素
khinh khí clo hóa	염화수소 鹽化水素
khinh khí dung dịch	액체수소 液體水素
khinh khí gấp ba lần	삼중수소 三重水素
khinh khí hai lớp	이중수소 二重水素
khinh khí lưu hóa	유화수소 硫化水素
khinh khí phốt pho	인화수소 燐化水素
khô khan	건조 乾燥
khô khan chân không	진공건조 眞空乾燥
khô khan không khí	공기건조 空氣乾燥
khô khan tự nhiên	자연건조 自然乾燥
kho nhiên liệu	연료고 燃料庫
kho thuốc nổ	화약고 火藥庫
kho ướp lạnh	냉동창고 冷凍倉庫
khoa học	과학 科學
khoa học cơ sở	기초과학 基礎科學
khoa học cụ thể	형이하학 形而下學
khoa học kỹ thuật xe hơi	자동차공학 自動車工學

khoa học máy móc	기계공학 機械工學
khoa học ứng dụng	응용과학 應用科學
khoan đá	착암 鑿巖
khoảng cách	간격 間隔
khoảng cách bằng nhau	등거리 等距離
khoảng cách bánh xe	차륜간격 車輪間隔
khoảng cách bình thường	정상간격 定常間隔
khoảng cách chạy kế	주행거리계 走行距離計
khoảng cách chỉ định chuyến xe	배차간격 配車間隔
khoảng cách điểm hỏa	점화간격 點火間隔
khoảng cách đường đồng mức	등고선간격 等高線間隔
khoảng cách đường ray	광궤철도 廣軌鐵道
khoảng cách nguyên tử	원자간격 原子間隔
khoảng cách phân tán	소개간격 疏開間隔
khoảng cách xa	원거리 遠距離
khoáng chất	광물 鑛物
khoáng chất học	광물학 鑛物學
khoảng không trung	허공 虛空
khoáng mạch	광맥 鑛脈
khoáng sản	금광 金鑛
khoáng thạch	광석 鑛石
khói	연기 煙氣
khởi công	기공 起工, 착공 着工
khối đa diện	다면체 多面體
khởi điện lực dẫn đầu	유도기전력 誘導起電力
khởi điện lực ngược	역기전력 逆起電力
khởi điện lực nhiệt	열기전력 熱起電力
khởi động	구동 驅動
khởi động bánh xe sau	후륜구동 後輪驅動
khởi động bánh xe trước	전륜구동 前輪驅動
khởi động máy nổ	발동기시동 發動機始動
khởi hành	발족 發足

khối hình cầu méo mó	구면수차 球面收差
khối hợp kim	주괴 鑄塊
khối lượng	질량 質量
khối lượng điện tử	전자질량 電子質量
khối lượng nguyên tử	원자질량 原子質量
khối lượng phân tử	분자질량 分子質量
khối mủ	농양 膿瘍
khối thép gang	강철괴 鋼鐵塊
khởi và tới	발착 發着
khơi xa	심해 深海
không bị hư	무고장 無故障
không can thiệp	불간섭 不干涉
không chắc chắn	불확실 不確實
khống chế trung ương	중앙통제 中央統制
không chỉnh hình	무정형 無定形
không chính thức	약식 略式
không chính xác	부정확 不正確
không chống đỡ	무방비 無防備
không chú ý	부주의 不注意
không có đường đi	무궤도 無軌道
không có gió	무풍 無風
không có hình dạng	무정형 無定形
không có khả năng	불능 不能
không có khói	무연 無煙
không có khói hóa	무연화 無煙化
không có sự cố	무사고 無事故
không đậy	무개 無蓋
không đều đặn	불규칙 不規則
không định trước	부정기 不定期
không độ	영도 零度
không đối xứng	비대칭 非對稱
không đơn thuần	불순 不純
không gánh nặng	무부하 無負荷
không gian ba chiều	삼차원공간 三次元空間

không gian cự ly	거리공간 距離空間
không gian vị trí	위상공간 位相空間
không gian vũ trụ	우주공간 宇宙空間
không giấy phép	무허가 無許可
không giới hạn	무제한 無制限
không hoạt động	불활동 不活動
không khí	공기 空氣
không khí áp	공기압 空氣壓
không khí cao tầng	고층대기 高層大氣
không khí hút	흡입공기 吸入空氣
không khí lần ba	삼차공기 三次空氣
không khí lần một	일차공기 一次空氣
không khí nén	압축공기 壓縮空氣
không khí vô khuẩn	무균공기 無菌空氣
không khí vô trùng	무균공기 無菌空氣
không khói hóa	무연화 無煙化
không kinh nghiệm	무경험 無經驗
không liên tục	불연속 不連續
không màu sắc	무색 無色
không mui	무개 無蓋
không ngừng lại	무정차 無停車
không nổ	불발 不發
không phận	영공 領空
không phân phối	불배분 不配分
không quan sát	불관측 不觀測
không rõ ràng	불명 不明
không sức hút	무중력 無重力
không thích hợp	부적합 不適合
không thuần túy	불순 不純
không tính đồng nhất	비균질성 非均質性
không trung	상공 上空
không từ khối	비자성체 非磁性體
không vận	항공수송 航空輸送
không vận hành	비가동 非稼動

khớp	접합 接合
khớp xương	관절 關節
khử chất kiềm	탈알카리
khử clo-ric	탈염소 脫鹽素
khu công nghiệp	공업단지 工業團地
khu đất chung	공공용지 公共用地
khu đất kiến trúc	건축지 建築地
khu hoạch	구획 區劃
khử iôn	탈이온
khu mỏ than	탄전 炭田
khử mùi	탈취 脫臭
khử nước	탈수 脫水
khử thuốc clo-ric	탈염소제 脫鹽素劑
khử trùng	방부 防腐
khử trùng	살균 殺菌
khử trùng hơi nước	증기살균 蒸氣殺菌
khu vực	구역 區域
khu vực ấm áp	온난지역 溫暖地域
khu vực an toàn	안전지대 安全地帶
khu vực bảo hộ cấp nước	상수보호구역 上水保護區域
khu vực bảo tồn	보존지구 保存地區
khu vực bảo tồn tài nguyên thủy sản	수산자원보존지구 水産資原保全地區
khu vực biến động	변동구역 變動區域
khu vực cản trở	장해지대 障害地帶
khu vực cảng	항역 港域
khu vực cao độ	고도지구 高度地區
khu vực chia bên cạnh	근린분구 近隣分區
khu vực cho thuê	임차지 賃借地
khu vực công nghiệp	공업지역 工業地域
khu vực cư trú	주거지역 住居地域
khu vực cư trú đông đúc	과밀거주지구 過密居住地區
khu vực đổ bộ	상륙지역 上陸地域
khu vực dự định đường	도로예정지 道路豫定地

khu vực dự định khai thác	개발예정지 開發豫定地
khu vực dự định khai thác thành phố	도시개발예정구역 都市開發豫定區域
khu vực gia công xuất khẩu	수출가공구역 輸出加工區域
khu vực giới hạn bay	비행제한구역 飛行制限區域
khu vực giới hạn khai thác	개발제한구역 開發制限區域
khu vực hoạt động đất	지진활동역 地震活動域
khu vực hưu dưỡng tham quan	관광휴양지구 觀光休養地區
khu vực kế hoạch thành phố	도시계획구역 都市計劃區域
khu vực khô ráo	건조지 乾燥地
khu vực không chỉ định	미지정지역 未指定地域
khu vực không ổn định	불안정권역 不安定圈域
khu vực mậu dịch nước ngoài	외국무역지대 外國貿易地帶
khu vực nghe	가청구역 可聽區域
khu vực nghiệp vụ thương mại	상업업무지역 商業業務地域
khu vực nguy hiểm	위험지역 危險地域
khu vực nhà ở	단지 團地
khu vực nhà ở	주거단지 住居團地
khu vực nhà ở người lân cận	근린주구 近隣住區
khu vực nhiệt đới	열대지역 熱帶地域
khu vực nổ súng	발사지역 發射地域
khu vực nước	수역 水域
khu vực nước bờ biển	연안수역 沿岸水域
khu vực nước kinh tế	경제수역 經濟水域
khu vực nước tiếp cận	인접수역 隣接水域
khu vực ô nhiễm chung	공해오염지역 公害汚染地域
khu vực phân tán	소개지역 疏開地域
khu vực phòng ngự	방어지역 防禦地域
khu vực phong nhã	풍치지구 風致地區
khu vực phong tỏa	폐쇄지역 閉鎖地域
khu vực phụ cận	인접지역 隣接地域
khu vực sân bay	공항지구 空港地區
khu vực sản nghiệp	산업지역 産業地域

K

khu vực sở hữu chung	공유지역 公有地域
khu vực sự dùng	용도지역 用途地域
khu vực sự dùng phức hợp	복합용도구역 複合用途區域
khu vực tập hợp	집합지역 集合地域
khu vực thành phố hóa	도시화지역 都市化地域
khu vực thành phố lớn	대도시구역 大都市區域
khu vực thống kê thành phố lớn	대도시통계지역 大都市統計地域
khu vực thuế quan tự do	자유관세지역 自由關稅地域
khu vực thương mại	상업지역 商業地域
khu vực thương mại bên cạnh	근린상업지역 近隣商業地域
khu vực tiếp cận	인접지역 隣接地域
khu vực tiếp nhận thông tin	수신구역 受信區域
khu vực trung lập	중립지대 中立地帶
khu vực trung tâm khai thác	개발중심지 開發中心地
khu vực vùng đất xanh tươi	녹지지역 綠地地域
khu vực vùng đất xanh tươi giảm sóc	완충녹지구역 緩衝綠地區域
khu vực xung quanh thành phố	도시주변지역 都市周邊地域
khuẩn truyền nhiễm	전염균 傳染菌
khúc bán kính	곡반경 曲半徑
khúc quanh	굴곡 屈曲
khúc xạ	굴절 屈折
khúc xạ đôi	복굴절 複屈折
khúc xạ đôi từ khí	자기복굴절 磁氣複屈折
khúc xạ kế	굴절계 屈折計
khúc xạ kế can thiệp	간섭굴절계 干涉屈折計
khúc xạ không khí	대기굴절 大氣屈折
khúc xạ nguyên tử	원자굴절 原子屈折
khúc xạ phân tử	분자굴절 分子屈折
khúc xạ sóng điện	전파굴절 電波屈折
khuếch đại điện áp	전압증폭 電壓增幅
khuếch đại điện lực	전력증폭 電力增幅
khuếch đại tần số vô tuyến	무선주파수증폭 無線周波數增幅

khuếch tán	확산 擴散
khuếch tán điện tử	전자확산 電子擴散
khuếch tán nhiệt	열확산 熱擴散
khuếch tán thành phố	도시확산 都市擴散
khủng hoảng kinh tế	경제공황 經濟恐慌
khung sắt	철골 鐵骨
khung xe	차체 車體
khuôn đúc	주형 鑄型
khuôn khổ	규격 規格
kiềm chế sóng điện	전파관제 電波管制
kiểm dịch	검역 檢疫
kiểm định	감정 鑑定
kiểm sát viên	감독관 監督官
kiểm thảo kế hoạch khu vực nhà ở	단지계획검토 團地計劃檢討
kiểm thảo phân chia	분할검토 分割檢討
kiểm tra chẩn đoán	진단검사 診斷檢查
kiểm tra định kỳ	정기검사 定期檢查
kiểm tra loại tàu thuyền	선급검사 船級檢查
kiểm tra tài vụ	재무감사 財務監査
kiến học	견학 見學
kiến tạo	건조 建造
kiên trì	내구 耐久
kiến trúc chịu động đất	내진건축 耐震建築
kiến trúc chịu hỏa	내화건축 耐火建築
kiến trúc chủ	건축주 建築主
kiến trúc dụng	건축용 建築用
kiến trúc mỹ	건축미 建築美
kiến trúc sư	건축가 建築家
kiến trúc tạm	가건축 假建築
kiềng ba chân	삼각대 三脚臺
kiểu	견본 見本
kiểu cấu tạo	구조식 構造式
kiểu cấu tạo hóa học	화학구조식 化學構造式

kiểu cấu tạo nổi	입체구조식 立體構造式
kiểu dáng mặt cắt	단면형상 斷面形狀
kiểu hàng	행렬식 行列式
kiểu hình vòng	환상식 環狀式
kiểu hóa học	화학식 化學式
kiểu kiến trúc	건축양식 建築樣式
kiểu lỗi thời	구형 舊型
kiểu mẫu lợi dụng đất	토지이용패턴
kiểu phân tử	분자식 分子式
kiểu quạt hóa	선형화 線形化
kiểu thử nghiệm	실험식 實驗式
kiểu tuần hoàn	순환형 循環型
kim cương thạch	금강석 金剛石
kim loại	금속 金屬
kim loại màu	비철금속 非鐵金屬
kim loại nặng	중금속 重金屬
kim loại nhẹ	경금속 輕金屬
kim loại tan	용융금속 熔融金屬
kim loại thuộc thổ	토류금속 土類金屬
kính an toàn ba lần	삼중안전유리 三重安全琉璃
kinh độ	경도 經度
kinh doanh khó khăn	경영난 經營難
kính hiển vi	현미경 顯微鏡
kính hiển vi điện tử	전자현미경 電子顯微鏡
kính hiển vi lập thể	입체현미경 立體顯微鏡
kính hiển vi phân cực quang	편광현미경 偏光顯微鏡
kính mắt bảo hộ	보호안경 保護眼鏡
kính ngắm	조준경 照準鏡
kinh tế học thống kê	계량경제학 計量經濟學
kính trắc viễn	거리측정기 距離測定器
kinh tuyến và vĩ tuyến	경위 經緯
kinh vĩ tuyến	경위선 經緯線
kíp nổ	신관 信管
kíp nổ phá tan	폭파용신관 爆破用信管

kỳ đá vôi	백악기 白堊紀
ký giả	기자 記者
kỷ hà học không gian	공간기하학 空間幾何學
kỳ hạn bảo tồn	보존기한 保存期限
ký hiệu	기호 記號
ký hiệu hóa học	화학기호 化學記號
ký hiệu không đồng	부등호 不等號
ký hiệu nguyên tố	원소기호 元素記號
kỳ kết toán	결산기 決算期
ký sinh	기생 寄生
ký sinh trùng	기생충 寄生蟲
kỹ sư đo đạc	측량기사 測量技師
kỹ sư đo lường	측량기사 測量技士
kỹ sư vô tuyến điện	무전사 無電士
ký tên	서명 署名
kỳ than	석탄기 石炭紀
kỹ thuật bản in ảnh	사진평판술 寫眞平版術
kỹ thuật hàng hải	항해술 航海術
kỹ thuật hàng không	항공기술 航空技術
kỹ thuật khoa học	과학기술 科學技術
kỹ thuật kiến trúc	건축술 建築術
kỹ thuật lâm nghiệp	임업기술 林業技術
kỹ thuật môi trường	환경기술 環境技術
kỹ thuật sản nghiệp	산업기술 産業技術
kỹ thuật thao tác viễn	원격조작기술 遠隔操作技術

la bàn	자석 磁石
la bàn đo lường	측량나침판 測量羅針板
lá gan	간장 肝臟
lãi	금리 金利
lái buộc	계류운전 稽留運轉
làm thành	작성 作成
làm lạnh bằng không khí ép buộc	강제공냉식 强制空冷式
làm lạnh bằng nước	수냉 水冷, 수냉식 水冷式
làm lạnh bằng nước tuần hoàn ép buộc	강제순환수냉식냉각 强制循環水冷式冷却
làm lạnh chất khí	기체냉각 氣體冷却
làm lạnh điện nhiệt	열전냉각 熱電冷却
làm lạnh đoạn nhiệt	단열냉각 斷熱冷却
làm lạnh ép buộc	강제냉각 强制冷却
làm lạnh khinh khí	수소냉각 水素冷却
làm lạnh không khí	대기냉각 大氣冷却
làm lạnh ngay	급냉 急冷
lâm nghiệp	임업 林業
làm thành	작성 作成
làm việc côppha	거푸집 작업
làm việc ngoại ô	야외작업 野外作業
lấn chiếm	침식 浸蝕
lần hai	이차 二次
lân quang	인광 燐光
làn sóng	파장 波長
làn sóng phân nửa	반파장 半波長
làn sóng trung hòa tử	중성자파장 中性子波長
lần thứ ba	삼차 三次
lần vận chuyển một ngày	일일수송회수 一日輸送回數
lặn xuống	잠수 潛水
lắng đọng	침전 沈澱
lắng đọng kế	침전계 沈澱計
lắng đọng khoáng chất	광상 鑛床

lắng đọng tự nhiên	자연침전 自然沈澱
làng xóm tự nhiên	자연부락 自然部落
lạnh lẽo	한랭 寒冷
lành nghề	숙련 熟練
lãnh thổ	영토 領土
lao động tinh thần	정신노동 精神勞動
lão hóa	노화 老化
lắp đặt đồ	가설도 架設圖
lắp đặt tạm	가설 假設
lấp đấy	매립 埋立
lấp đấy phế liệu công nghiệp	산업폐기물매립 産業廢棄物埋立
lặp lại	반복 反復
lập phương	입방 立方
lắp ráp nhà máy	공장조립 工場組立
lập thể	입체 立體
lát đường chống trượt	미끄럼 방지포장
lát đường đơn giản	간이포장 簡易鋪裝
lát đường mạnh	강성포장 剛性鋪裝
lát đường tầng mỏng	박층포장 薄層鋪裝
lát đường tính uốn cong	가요성포장 可撓性鋪裝
lề đường	보도 步道
lên men	발효 醱酵
lên men học	발효학 醱酵學
lên men tố	발효소 醱酵素
lên tàu	승선 乘船
lên xe	승차 乘車
liên hiệp quốc	국제연합 國際聯合
liên hợp	연립 聯立
liên hợp	연합 聯合
liên hợp xí nghiệp	기업연합 企業聯合
liên kết	연결 連結
liên kết	접속 接續
liên kết xếp hàng	병렬접속 竝列接續
liên minh hàng không quốc tế	국제항공연맹 國際航空聯盟

liệu dưỡng viện	요양원 療養院
liều thuốc gây chết người	치사량 致死量
linh kiện dự bị	예비부품 豫備部品
linh kiện lắp ráp	조립부품 組立部品
lĩnh vực	분야 分野
lỗ bơm nước ra	배수공 排水孔
lở đất	사태 沙汰
lô đất trống	공지 空地
lô đất xây cất	건축부지 建築敷地
lỗ điểm duyệt	점검공 點檢孔
lò đốt cháy	연소로 燃燒爐
lò đốt sạch	소각로 燒却爐
lò đúc	주물공장 鑄物工場
lỗ giám sát	감시공 監視孔
lò hơi	보일러
lò hơi siêu cao áp	초고압보일러
lỗ khí	기공(숨 쉬는 구멍) 氣孔
lò khô ráo	건조로 乾燥爐
lỗ khoan	시추공 試錐孔
lỗ mưa	우수구 雨水口
lò nguyên tử	원자로 原子爐
lò nguyên tử kiểu không như nhau	불균일형원자로 不均一型原子爐
lò nguyên tử kiểu nước cứng	경수형원자로 硬水型原子爐
lò nguyên tử kiểu nước nặng	중수형원자로 重水型原子爐
lò nguyên tử nghiên cứu	연구원자로 研究原子爐
lò nguyên tử phát điện	발전원자로 發電原子爐
lò nguyên tử tái sinh	재생원자로 再生原子爐
lò nguyên tử thư nhất	일차원자로 一次原子爐
lò nguyên tử thứ nhì	이차원자로 二次原子爐
lò nguyên tử tưởng tượng	가상원자로 假想原子爐
lỗ nhồi nhét	주입구 注入口
lỗ núi lửa	화산구 火山口
lò nung	용광로 鎔鑛爐

lỗ phá tan	발파공 發破孔
lộ ra	노출 露出
lộ ra kế	노출계 露出計
lỗ rỉ nước	누수공 漏水孔
lỗ rút khí	배기공 排氣孔
lỗ thoát mưa	우수배출구 雨水排出口
lỗ thoát ra	배출구 排出口
lỗ thông gió	통풍공 通風孔
lỗ thông gió	환기구 換氣口
lộ trình	노정 路程
lỗ trút	주입구 注入口
lợi	치은(잇몸) 齒齗
loại chim học	조류학 鳥類學
loại gỗ	목재 木材
loại gỗ khô ráo	건조목재 乾燥木材
loại gỗ sử dụng kiến trúc	건축용 목재 建築用木材
lợi ích	이익 利益
loại khác nhau	이종 異種
loại khuẩn	균류 菌類
loại khác nhau	이종 異種
loại trừ lớp đất bề mặt	표토제거 表土除去
loại trừ ô nhiễm	오염제거 汚染除去
loại vi khuẩn	균류 菌類
loan báo	공시 公示
loạn lưu	난류 亂流
lọc ra	여과 濾過
lợi dụng đất	토지이용 土地利用
lợi ích trực gián tiếp	직간접 이익 直間接利益
lợi ích và tổn thất của khai thác	개발이익과 손실
lôi kéo	견인 牽引
lợi nhuận	이윤 利潤
lời nói ở phần trước	전문 前文
lối ra	출구 出口

lớn trước tuổi	숙성 熟成
lộn xộn	무질서 無秩序
lông cừu	양모 羊毛
lớp trát	옹벽 擁壁
lớp trưởng	반장 班長
lốp xe dự bị	예비타이어
lũ lụt	홍수 洪水
lũ lụt thiết kế	설계홍수 設計洪水
luận lý	논리 論理
luận lý học dấu hiệu	기호논리학 記號論理學
luật chu kỳ	주기율 週期律
luật chu kỳ nguyên tố	원소주기율 元素週期律
luật đất	토지법 土地法
luật giao thông đường	도로교통법 道路交通法
luật kế hoạch thành phố	도시계획법 都市計劃法
luật kiến trúc	건축법 建築法
luật ngăn chặn ô nhiễm chất lượng nước	수질오염방지법 水質汚染防止法
luật nghề kiến trúc	건설업법 建設業法
luật phối cảnh	원근법 遠近法
luật quốc tế	국제법 國際법
luật trung lập	중립법 中立法
lực học	역학 力學
lực học cấu tạo	구조역학 構造力學
lực học chất khí	기체역학 氣體力學
lực học điện	전기역학 電氣力學
lực học điện lượng tử	양자전기역학 量子電氣力學
lực học không khí	공기역학 空氣力學
lực học lượng tử	양자역학 量子力學
lực học nhiệt	열역학 熱力學
lực học thiên thể	천체역학 天體力學
lực học thổ nhưỡng	토양역학 土壤力學
lực học vật liệu	재료역학 材料力學
lực thắng	제동력 制動力

lực từ	자력 磁力
lực từ kế	자력계 磁力計
lược đồ	약도 略圖
lưỡi liềm	반원형 半圓形
lưới rào	격자 格子
lưới rào đơn vị	단위격자 單位格子
lưới rào phản xạ	반사격자 反射格子
lưới rào vô hạn	무한격자 無限格子
lượng bao hàm	함유량 含有量
lượng bao hàm ga	가스함유량
lượng bất biến	불변량 不變量
lượng bốc hơi	증발량 蒸發量
lượng chứa nước	저수량 貯水量
lượng chuyển chở hàng không một lần	일회공수량 一回空輸量
lượng còn lại	잔량 殘量
lượng còn lại nhiên liệu	연료잔량 燃料殘量
lưỡng cực	양극 兩極
lưỡng điểm	양점 兩點
lượng điện khí	전기량 電氣量
lượng điều chỉnh	조정량 調整量
lượng giảm len	감모량 減耗量
lượng giao thông	교통량 交通量
lượng giao thông bình quân	평균교통량 平均交通量
lượng giao thông kế hoạch	계획교통량 計劃交通量
lượng giao thông tối đa	최대교통량 最大交通量
lượng giao thông xe cộ	차량교통량 車輛交通量
luồng gió lạnh	한류 寒流
lượng hỏa lực	화력량 火力量
lượng hoạt động	활동량 活動量
luồng hơi	기류 氣流
luồng hơi cao tầng	고층기류 高層氣流
luồng hơi cao tốc	고속기류 高速氣流
luồng hơi hoạt	활기류 活氣流

luồng hơi tăng lên	상승기류 上昇氣流
luồng hơi thông thường	일반기류 一般氣流
luồng hơi thượng tầng	상층기류 上層氣流
lượng không khí	공기량 空氣量
lượng không thay đổi	불변량 不變量
lượng làm đất	토공량 土工量
lượng làm việc	작업량 作業量
lượng lũ lụt	홍수량 洪水量
lượng lũ lụt kế hoạch	계획홍수량 計劃洪水量
lượng mưa kế hoạch	계획강우량 計劃降雨量
lượng mưa rơi	강수량 降水量
lượng ngâm nước cốt liệu	골재함수량 骨材含水量
lượng nước cung cấp bình quân một ngày	일일평균급수량 一日平均給水量
lượng nước cung cấp tối đa một ngày	일일최대급수량 一日最大給水量
lượng nước mưa	강수량 降水量
lượng nước sử dụng	용수량 用水量
lượng nước sử dụng trị thủy	관개용수량 灌漑用水量
lượng phân tử	입자량 粒子量
lượng phát nhiệt	발열량 發熱量
lượng phún xạ	분사량 噴射量
lượng quang	광량 光量
lượng rút khí	배기량 排氣量
lượng sản xuất	생산량 生産量
lượng tháo nước	배수량 配水量
lượng tháo nước tiêu chuẩn	기준배수량 基準排水量
lượng thu hút cốt liệu	골재흡수량 骨材吸水量
lượng thủy hợp	함수량 含水量
lượng tia xuyên thấu	투과광량 透過光量
lượng tiêu dùng	소비량 消費量
lượng tiêu dùng điện lực	전력소비량 電力消費量
lượng tiêu dùng nhiệt	열소비량 熱消費量
lượng tiêu thụ điện lực	전력소비량 電力消費量

lượng tử	양자 量子
lượng tử hóa	양자화 量子化
lượng từ khí	자기량 磁氣量
lượng tử quang	광양자 光量子
lượng tử trọng lực	중력양자 重力量子
lượng tương đương	당량 當量
lượng tuyết rơi	강설량 降雪量
lượng tỷ lệ	비례량 比例量
lượng vận động	운동량 運動量
lượng yêu cầu ôxy sinh vật học	생물학적산소요구량 生物學的酸素要求量
lút lui kiến trúc	건축후퇴 建築後退
lưu giữ	계류 稽留
lưu hoàng	유황 硫黃
lưu lại	입력 入力
lưu lượng	유량 流量
lưu lượng bình quân	평균유량 平均流量
lưu lượng đơn vị	단위유량 單位流量
lưu lượng kế	유량계 流量計
lưu thông đồ vật	물류 物流
lưu tốc	유속 流速
lưu tốc bình quân	평균유속 平均流速
lưu tốc giới hạn	한계유속 限界流速
lưu tốc kế	유속계 流速計
lưu vực	분지 盆地
lưu vực	유역 流域
lũy tiến	누진 累進
luyện kim	제강 製鋼, 제련 製鍊
luyện thép	제철 製鐵
lý do	이유 理由
lý luận	이론 理論
lý luận đường nét	선형이론 線形理論
lý luận lượng tử	양자론 量子論
lý luận màng mỏng	박막이론 薄膜理論

mã lực	마력 馬力
mã lực máy nổ	발동기마력 發動機馬力
ma sát bề mặt	표면마찰 表面摩擦
ma sát chất đặc	고체마찰 固體摩擦
ma sát dừng lại	정지마찰 靜止摩擦
ma sát máy móc	기계마찰 機械摩擦
ma sát nền đường	노반마찰 路盤摩擦
ma sát nội bộ	내부마찰 內部摩擦
ma sát quay vòng	회전마찰 回轉摩擦
ma sát tính dính	점성마찰 粘性摩擦
ma sát vận động	운동마찰 運動摩擦
mắc nối tiếp	직렬 直列
mạch bán dẫn	반도체 半導體
mạch bán dẫn điện tử	전자반도체 電子半導體
mạch bán dẫn riêng	고유반도체 固有半導體
mạch điện bức xạ	복사회로 輻射回路
mạch điện cao áp	고압회로 高壓回路
mạch điện chỉnh lưu	정류회로 整流回路
mạch điện công suất	출력회로 出力回路
mạch điện dao động	발진회로 發振回路
mạch điện điểm hỏa	점화회로 點火回路
mạch điện điện áp thấp	저전압회로 低電壓回路
mạch điện điện khí	전기회로 電氣回路
mạch điện đồ	회로도 回路圖
mạch điện đồng điệu	동조회로 同調回路
mạch điện hàng đôi	복선회로 複線回路
mạch điện hàng đơn	단선회로 單線回路
mạch điện hệ số	계수회로 計數回路
mạch điện hình vòng	환상회로 環狀回路
mạch điện kết hợp	합성회로 合成回路
mạch điện không đồng điệu	비동조회로 非同調回路
mạch điện không đường nét	비선형회로 非線形回路
mạch điện không ổn định	비안정회로 非安定回路
mạch điện kiểu quạt	선형회로 扇形回路

mạch điện ký ức	기억회로 記憶回路
mạch điện luận lý	논리회로 論理回路
mạch điện lưới rào	격자회로 格子回路
mạch điện mở	개회로 開回路
mạch điện nét đường	선형회로 線形回路
mạch điện nhận thông tin	수신회로 受信回路
mạch điện phân kỳ	분기회로 分岐回路
mạch điện tách sóng	검파회로 檢波回路
mạch điện thám ba	검파회로 檢波回路
mạch điện thông tin	통신회로 通信回路
mạch điện thứ nhất	일차회로 一次回路
mạch điện thứ nhì	이차회로 二次回路
mạch điện tích hợp	집적회로 集積回路
mạch điện tích hợp mạch bán dẫn	반도체집적회로 半導體集積回路
mạch điện tín hiệu	신호회로 信號回路
mạch điện tính toán	계수회로 計數回路
mạch điện trực tiếp	직류회로 直流回路
mạch điện trung gian	중간회로 中間回路
mạch điện từ khí	자기회로 磁氣回路
mạch điện tương đương	등가회로 等價回路
mạch điện vi tiểu hình	초소형회로 超小型回路
mạch điện vị trí	위상회로 位相回路
mạch điện xếp hàng	병렬회로 竝列回路
mạch mắc nối tiếp	직렬회로 直列回路
mài	연삭 硏削
mài giũa	연마 硏磨
màn hình	화면 畵面
màn khói	연막 煙幕
mạn phải tàu	우현 右舷
mạn tàu	선단 船端
mạn trái thuyền	좌현 左舷
mạng	망 網
mạng bảo hộ	보호망 保護網

mạng cảnh giới	경계망 警戒網
màng chống phản xạ	반사방지막 反射防止膜
mạng cung cấp điện	배전망 配電網
mạng dẫn điện	송전망 送電網
mạng dây	유선망 有線網
mạng điện	배선 配線
mạng điện điểm hỏa	점화배선 點火配線
mạng điện đồ	배선도 配線圖, 회선도 回線圖
mạng điện mặt sau	이면배선 裏面配線
mạng điện tạm	임시배선 臨時配線
mạng điện thoại điện tín	전신회선 電信回線
mạng đường chính	간선망 幹線網
mạng đường phố	가로망 街路網
mạng đường sắt	철도망 鐵道網
mạng giao thông	교통망 交通網
mạng kinh độ	경도망 經度網
màng lưới bảo vệ	경계망 警戒網
mạng lưới rào	격자망 格子網
mạng mạch điện	회로망 回路網
màng mỏng	박막 薄膜
màng nước	수막 水膜
mạng ống	관망 管網
mạng sắt	철망 鐵網
mạng tải điện	송전망 送電網
mạng tam giác	삼각망 三角網
mạng thiết bị đường chính	간선시설망 幹線施設網
mạng thông tin	통신망 通信網
mạng thông tin vô tuyến	무선통신망 無線通信網
mạng truy nã	추적망 追跡網
mạng truyền thanh	방송망 放送網
màng vỏ	피막 皮膜
màng vỏ vật ôxy hóa	산화물피막 酸化物皮膜
mạnh mẽ hóa	강력화 强力化
mảnh vỡ	파편 破片

mao dẫn	모관 毛管
mao quản	모관 毛管
mặt bằng hinh chữ nhật	장방형부지 長方形敷地
mặt bằng kiến trúc	건축부지 建築敷地
mặt băng qua trung ương	중앙횡단면 中央橫斷面
mặt bằng trường học	학교부지 學校敷地
mặt bên khung xe	차체측면 車體側面
mặt biển bình quân	평균해수면 平均海水面
mặt cắt	절단면 切斷面
mặt cắt chữ thập	십자단면 十字斷面
mặt cắt dọc	종단면 縱斷面
mặt cắt dọc đường trung bình	중심선종단면 中心線縱斷面
mặt cắt đường nứt	균열단면 龜裂斷面
mặt cắt góc vuông	직각단면 直角斷面
mặt cắt hình chữ nhật	장방형단면 長方形斷面
mặt cắt mở cửa	개방단면 開方斷面
mặt cắt ngang	횡단면 橫斷面
mặt cắt tới hạn	임계단면 臨界斷面
mặt cầu	구면 球面
mặt cầu kế	구면계 球面計
mặt cong	곡면 曲面
mặt cong khả biến	가변곡면 可變曲面
mặt đẳng áp	등압면 等壓面
mặt đất	지면 地面, 지표 地標
mặt độ ẩm ướt	습윤밀도 濕潤密度
mặt độ cao	고밀도 高密度
mặt độ chính quy	정규밀도 定規密度
mặt độ điện tích	전하밀도 電荷密度
mặt độ đường họa	화선밀도 畵線密度
mặt độ giao thông	교통밀도 交通密度
mặt độ giới hạn	한계밀도 限界密度
mặt độ hiện tượng điện ly	전리밀도 電離密度
mặt độ hơi nước	증기밀도 蒸氣密度
mặt độ khô ráo	건조밀도 乾燥密度

mật độ khô ráo tối đa	최대건조밀도 最大乾燥密度
mật độ không khí	공기밀도 空氣密度
mật độ không khí	대기밀도 大氣密度
mật độ nhân số	인구밀도 人口密度
mật độ phần tử	입자밀도 粒子密度
mật độ tập hợp	집합밀도 集合密度
mật độ thể tích	체적밀도 體積密度
mật độ trung hòa tử	중성자밀도 中性子密度
mật độ tuyệt đối	절대밀도 絶對密度
mặt đường	노면 路面
mặt đường ổ gà	노면요철 路面凹凸
mặt hàng	품목 品目
mặt hình quả trứng	난형면 卵形面
mặt không liên tục	불연속면 不連續面
mặt lồi	철면 凸面
mặt lõm	요면 凹面
mặt ma sát	마찰면 摩擦面
mặt mực nước	수준면 水準面
mặt ngang trung ương	중앙횡단면 中央橫斷面
mặt ngập nước	침수면 浸水面
mặt nghiêng	경사면 傾斜面
mặt nghiêng	구배 勾配
mặt nghiêng băng qua	횡단구배 橫斷勾配
mặt nghiêng cấp	급구배 急勾配
mặt nghiêng đại lục	대륙사면 大陸斜面
mặt nghiêng mật độ	밀도구배 密度勾配
mặt nghiêng ôn độ	온도구배 溫度勾配
mặt nghiêng tiền phương	전방사면 前方斜面
mặt nghiêng tối đa	최대구배 最大勾配
mặt nghiêng tự nhiên	자연사면 自然斜面
mặt nghiêng từ từ	완경사 緩傾斜
mặt ngoài	외면 外面
mặt nhỏ nhất điện thế	전위최소면 電位最小面
mặt nước biển tiêu chuẩn	기준해수면 基準海水面

mặt nước kế	수면계 水面計
mặt nước sông	내수면 內水面
mặt phía sau	배후면 背後面
mặt ranh giới	경계면 境界面
mặt sau	이면 裏面
mặt sau đất đai	대지후면 垈地後面
mặt tiêu chuẩn trên mực nước biển	표고기준면 標高基準面
mất trật tự	무질서 無秩序
mất trộm	도난 盜難
mặt trung tâm sức nổi	부력중심면 浮力中心面
mặt trước	전면 前面
mặt trước nhà	집의 전면 집의 前面
mất vệ sinh	비위생 非衛生
mặt vuông góc	수직면 垂直面
mầu sắc	색상 色相
màu sắc	색채 色彩
máy ảnh	사진기 寫眞機
máy ảnh theo dõi	폐회로 閉回路
máy áp suất cục bộ	분압기 分壓器
máy báo động	경보기 警報器
máy bay	비행기 飛行機
máy bay điều khiển vô tuyến	무선조종비행기 無線操縱飛行機
máy bay đo địa hình	지형측량항공기 地形測量航空機
máy bay không người lái	무인비행기 無人飛行機
máy bay nhẹ	경비행기 輕飛行機
máy bay trực thăng	수직상승기 垂直上昇機
máy bay tuần tra	초계기 哨戒機
máy biến đổi phát tin	송신변조기 送信變調器
máy biến đổi phụ	부변조기 副變調器
máy biến lưu	변류기 變流器
máy biến lưu ngược	역변류기 逆變流器
máy biến thế	변압기 變壓器
máy biến thế công suất	출력변압기 出力變壓器

máy biến thế cung cấp điện	배전변압기 配電變壓器
máy biến thế điện lực	전력변압기 電力變壓器
máy biến thế điện một pha	단상변압기 單相變壓器
máy biến thế giảm áp	강압변압기 降壓變壓器
máy biến thế mạch trực tiếp	직류변압기 直流變壓器
máy biến thế thủy lực	수력변압기 水力變壓器
máy biến thế vị trí	위상변압기 位相變壓器
máy biểu thị phương hướng lung linh	점멸방향표시기 點滅方向標示器
máy bồi dưỡng	배양기 培養器
máy bơm nước	양수기 揚水機
máy bơm nước	양수펌프
máy cảm ứng	감응기 感應機
máy cán mỏng	압연기 壓延機
máy cảnh báo	경보기 警報器
mây cao tầng	고층운 高層雲
mây cao tích	고적운 高積雲
máy chế ngự	제어기 制御器
máy chế ngự bề mặt	계면제어기 界面制御器
máy chế ngự điện khí	전기제어기 電氣制御器
máy chế ngự điện tử	전자제어기 電子制御器
máy chế ngự gián tiếp	간접제어기 間接制御器
máy chế ngự nhiệt	열제어기 熱制御器
máy chế tạo	공작기계 工作機械
máy chỉ thị đồng điều	동조지시기 同調指示器
máy chỉ thị hướng gió	풍향지시기 風向指示器
máy chỉnh lưu	정류기 整流器
máy chống cuộn khả biến	가변권선저항기 可變捲線抵抗器
máy chống khả biến	가변저항기 可變抵抗器
máy chữa cháy	소화기 消火器
máy chụp ảnh quang phổ	분광사진기 分光寫眞機
máy chuyển hóa thành sữa	유화기 乳化機
máy cự ly nhìn thấy	시정계 視程計
máy đặc lại	응축기 凝縮器

máy địa hình tự ký	자기지형기 自記地形器
mây điện ly	전리운 電離雲
máy điện tín	전신기 電信機
máy điều chỉnh điện áp	전압조정기 電壓調整器
máy điều đình	조정기 調整器
máy điều đình điện áp	전압조정기 電壓調整器
máy điều tiết mực nước	수위조절기 水位調節器
máy định hình bê tông	콘크리트주입성형기 注入成形機
máy dò	탐지기 探知器
máy dò âm thanh trong nước	수중청음기 水中聽音器
máy đo điện thế	전위계 電位計
máy đo độ bắt sáng	감광계 感光計
máy đo độ cứng	경도계 硬度計
máy đo động đất	지진계기 地震計器
máy đo góc	측각기 測角器
máy đo góc phương vị	방위각측정기 方位角測定器
máy dò phương hướng vô tuyến	무선방향탐지기 無線方向探知機
máy đo phương vị	방위측정기 方位測定器
máy đo quang	측광기 測光器
máy đo quang ánh sáng phân cực	편광측광기 偏光測光器
máy đo sức gió	풍력계 風力計
máy đo thiên lưu	편류측정기 偏流測定器
máy dò tia hồng ngoại	적외선탐지기 赤外線探知機
máy đo tích toán	적산계기 積算計器
máy dò tìm sóng điện nhiệt	열전검파기 熱電檢波器
máy đo vị trí	위치측정기 位置測定器
máy đổ xăng	급유기 給油器
máy đổi điện ngược	역변류기 逆變流器
máy đồng cảm	공명기 共鳴器
máy đồng điều	동조기 同調器
máy đông lạnh	냉각기 冷却器
máy đông lạnh chất khí	기체냉각기 氣體冷却器

máy đông lạnh ga	가스냉각기 冷却器
máy đóng mở	개폐기 開閉器
máy đóng mở tự động	자동개폐기 自動開閉器
máy ghi âm từ khí	자기녹음기 磁氣錄音機
máy ghi chép mực nước	수위기록기 水位記錄器
máy gia công kim loại	금속가공기계 金屬加工機械
máy gia nhiệt	가열기 加熱器
máy gia nhiệt đốt cháy	연소가열기 燃燒加熱器
máy gia tốc	가속기 加速器
máy gia tốc phần tử	입자가속기 粒子加速器
máy giải thích	해독기 解讀器
máy giảm áp	감압기 減壓器
máy giảm thanh	소음기 消音器
máy gián đoạn	단속기 斷續器
máy giao hoán nhiệt	열교환기 熱交換器
máy giao hoán nhiệt thứ nhất	일차열교환기 一次熱交換器
máy giao hoán nhiệt thứ nhì	이차열교환기 二次熱交換器
máy góc vuông	직각기 直角器
máy hàn	용접기 鎔接機
máy hàn điểm	점용접기 點鎔接器
máy hàn điện	전기용접기 電氣鎔接器
máy hơi nước	증기기관 蒸氣機關
máy hỗn hợp	혼합기 混合器
máy hỗn hợp bê tông	콘크리트혼합기
máy hút	흡인기 吸引器
máy hút ẩm	제습기 除濕機
máy hút bụi chân không	진공청소기 眞空淸掃器
máy kéo	견인기 牽引機
máy kết tinh	결정기 結晶器
máy khô khan	건조기 乾燥器
máy khoan	드릴(공구)
máy khoan	착암기 鑿巖機
máy khoan	천공기 穿孔機
máy không liên tục	단속기 斷續器

máy khử trùng	멸균기 滅菌器
máy khuếch đại cao tần	고주파증폭기 高周波增幅器
máy khuếch đại điện áp	전압증폭기 電壓增幅器
máy khuếch đại điện lực	전력증폭기 電力增幅器
máy khuếch đại hai đoạn	이단증폭기 二段增幅器
máy khuếch đại mạch trực tiếp	직류증폭기 直流增幅器
máy khuếch đại ống chân không	진공관증폭기 眞空管增幅器
máy khuếch đại tần số thấp	저주파증폭기 低周波增幅器
máy khuếch đại tần số vô tuyến	무선주파수증폭기 無線周波數增幅器
máy khuếch đại trung gian	중간증폭기 中間增幅器
máy khuếch đại từ khí	자기증폭기 磁氣增幅器
máy kiểm nước	검수기 檢水器
máy kinh vĩ	경위의 經緯儀
máy làm cô đọng	농축기 濃縮器
máy làm nước đá	제빙기 製氷機
máy lắp đầy nhiên liệu	연료충전기 燃料充塡器
máy lọc	여과기 濾過器
mây mảnh	편운 片雲
máy mở và đóng cửa	개폐기 開閉器
máy mở và đóng cửa tự động	자동개폐기 自動開閉器
máy móc	기계 機械, 기관 機關
máy móc chế tạo	공작기계 工作機械
máy móc dụng thổ	토공기계 土工機械
máy móc khuôn đúc	주형기계 鑄型機械
máy móc quang học	광학기기 光學機器
máy móc xây dựng	건설기계 建設機械
máy môi giới song phương hướng	쌍방향중계기 雙方向中繼器
máy nạo vét	준설기 浚渫機
máy nén	압축기 壓縮機
máy nén giai đoạn một	일단압축기 一段壓縮機
máy nén không khí	공기압축기 空氣壓縮機
máy nén phún xạ	분사압축기 噴射壓縮機
máy nén thán khí	탄산가스압축기

máy ngắm	조준기 照準器
máy ngắm quang học	광학조준기 光學照準器
máy nghiền	분쇄기 粉碎機
máy nhận tín hiệu vô tuyến	무선수신기 無線受信機
mây nhấp nhô	파상운 波狀雲
máy nổ	내연기관 內燃機關
máy ổn định	안정기 安定器
máy phá đá	쇄암기 碎岩機
máy phá tan	발파기 發破器
máy phá vỡ	파쇄기 破碎機
máy phân biệt tần số	주파수변별기 周波數辨別器
máy phân biệt vị trí	위상변별기 位相辨別器
máy phân chia	분할기 分割器
máy phân chia tần số	주파수분할기 周波數分割器
máy phân loại	선별기 選別器
máy phân phát điện lực	전력배분기 電力配分機
máy phân phối động lực	동력분배기 動力分配機
máy phân tích	검출기 檢出器, 분석기 分析器
máy phân tích chân không	진공분석기 眞空分析器
máy phân tích điện tử	전자분석기 電子分析器
máy phân tích ga	가스분석기
máy phân tích ghi chép	기록분석기 記錄分析器
máy phân tích khối lượng	질량분석기 質量分析器
máy phân tích sóng	파형분석기 波形分析器
máy phân tích tốc độ	속도검출기 速度檢出器
máy phân tích trung hòa tử	중성자검출기 中性子檢出器
máy phân tích từ khí	자기분석기 磁氣分析器
máy phanh	제동기 制動機
máy phát cản trở sóng điện	전파방해발신기 電波妨害發信機
máy phát điện	발전기 發電機
máy phát điện hơi nước	증기발전기 蒸氣發電機
máy phát điện không thiệt hại chung	무공해발전기 無公害發電機
máy phát điện tử nhiệt	열전자발전기 熱電子發電機

M

máy phát nhiệt	발열기 發熱器
máy phát sinh cao tần	고주파발생기 高周波發生器
máy phát sinh khí ozon	오존발생기
máy phát sinh sức gió	풍력발전기 風力發電機
máy phát sinh tín hiệu	신호발생기 信號發生器
máy phát vô tuyến	무선송신기 無線送信機
máy phô tô copy	복사기 複寫器
máy phun nước	분무기 噴霧器
máy phun nước thuốc màu	도료분무기 塗料噴霧器
máy phún xạ nhiên liệu	연료분사기 燃料噴射機
máy quan sát	관측기 觀測器
máy quan sát tia hồng ngoại	적외선관측기 赤外線觀測器
máy quang phổ	분광기 分光器
máy quang phổ can thiệp	간섭분광기 干涉分光器
máy quang phổ tia hồng ngoại	적외선분광기 赤外線分光器
máy quay ngược lại vị trí	위상반전기 位相反轉器
máy rút ra	추출기 抽出器
máy sấy khô	건조기 乾燥機
máy sử dụng tàu	선용기관 船用機關
máy sửa đổi vị trí	위상수정기 位相修正器
máy sữa hóa	유화기 乳化機
máy sửa lại vị trí	위상수정기 位相修正器
máy sưởi ấm	난방기 煖房器
máy tách ra ly tâm	원심분리기 遠心分離器
máy tách ra nguyên tố đồng vị	동위원소분리기 同位元素分離器
máy tái tạo	변성기 變成器
máy tái tạo cao tần	고주파변성기 高周波變成器
máy tán	분쇄기 粉碎機
máy tăng áp	승압기 昇壓器
máy tăng độ ẩm	가습기 加濕器
máy tăng nhiệt độ	가열기 加熱器
máy tăng tốc độ	가속기 加速器
mây tầng trên	상층운 上層雲
mây tầng trung	중층운 中層雲

máy thắp sáng ánh lửa	불꽃점화기
máy thâu băng	측음기 測音器
mây thiên tích	편적운 片積雲
máy thiên vị	편파기 偏波器
máy thông gió	송풍기 送風機
máy thông tin vô tuyến	무선통신기 無線通信機
máy thu phát vô tuyến	송수신기 送受信機
máy thu sóng ngắn	단파수신기 短波受信機
máy thủy điện	수력발전기 水力發電機
mây tích	적운 積雲
máy tiêu chuẩn thứ nhất	일차표준기 一次標準器
máy tính	계산기 計算器
máy tính toán	계수기 計數器
máy tỏa nhiệt	방열기 放熱器
máy tốc độ gió	풍속계 風速計
máy trục thủy áp	수압기중기 水壓起重機
máy tủ đông	냉동기 冷凍機
máy tưới nước	살수기 撒水器
máy vị trí	위상기 位相器
máy vỡ vụn	파쇄기 破碎機
máy xúc	굴착기 掘鑿機
mê man, ma túy	마취 痲醉
mềm hóa	연화 軟化
men	효모 酵母
men bia	발효소 醱酵素
men bia học	발효학 醱酵學
men nấm	효모균 酵母菌
mệnh đề	명제 命題
mệnh lệnh cấm sử dụng	사용금지명령
meson	중간자 中間子
meson quang	광중간자 光中間子
mệt mỏi nhiệt	열피로 熱疲勞
mệt mỏi tính đàn hồi	탄성피로 彈性疲勞
mica trắng	백운모 白雲母

miền cao áp	고압대 高壓帶
miễn cho thuế	세금감면 稅金減免
miễn dịch	면역 免疫
miền hoàng đạo	황도대 黃道帶
miền làn sóng	파장대 波長帶
miền nam cực	남극대 南極帶
miễn tạm thời	일시면제 一時免除
miền tần số	주파수대 周波數帶
miền tần số sử dụng	사용주파수대 使用周波帶
miền tần số vô tuyến	무선주파수대 無線周波數帶
miền tần thông tin	통신주파대 通信周波帶
miền tạp âm	잡음대 雜音帶
miền thành phố	도시권 都市圈
miền thời gian	시간대 時間帶
miền thủ đô	수도권 首都圈
miễn thuế	면세 免稅
miễn trừ	면제 免除
miếng phá vỡ	분열편 分裂片
miếng ván cường	강널판
miệng vòi phún xạ	분사노즐
mỡ	지방 脂肪
mở cảng	개항 開港
mỏ đá	채석 採石
mở đầu	개시 開始, 도입 導入
mỏ dầu	유전 油田
mờ đục	혼탁 混濁
mở đường thủy	개수로 開水路
mô hình	모형 模型
mô hình địa cầu	지구의 地球儀
mô hình nguyên tử hạt nhân	원자핵모형 原者核模型
mô hình quả quay	회전의 回轉儀
mô hình xe hơi	자동차모형 自動車模型
mỏ học	광산학 鑛山學
mở lại	재개 再開

mở rộng	신장 伸長
mở rộng bất hợp pháp	불법확장 不法擴張
mỏ than	탄광 炭鑛
mở và đóng cửa	개폐 開閉
mọi thời tiết	전천후 全天候
môi trường hệ	환경계 環境系
môi trường không khí	대기환경 大氣環境
môi trường sinh vật	생물환경 生物環境
môi trường thành phố	도시환경 都市環境
môi trường tụ nhiên	자연환경 自然環境
môi vật	매개체 媒介體
môn học giải phẫu	해부학 解剖學
món nợ	채무 債務
một bước	일보 一步
một chiều	일방 一方
một đường	단선 單線
một giá	일가 一價
một giá cơ	일가기 一價基
một giai đoạn	일단 一段
một hàng	일열 一列
một lần	일회 一回
một ngày	일일 一日
một trệt	단층 單層
một thời	일시 一時
một vòng kín	폐회로 閉回路
mủ cây	수지 樹脂
mủ cây axit than	석탄산수지 石炭酸樹脂
mủ cây tổng hợp	합성수지 合成樹脂
mua	매수 買收
mưa bão	폭우 暴雨
mưa chảy ra	강우유출 降雨流出
mùa đông	동계 冬季
mùa hạ(mùa hè)	하절기 夏節期
mùa mưa	우기 雨期

mùa nắng	갈수기(건기) 渴水期
mùa nắng	건조기 乾燥期
mùa rét	결빙기 結氷期
mưa tính địa hình	지형성강우 地形性降雨
mục đích	목적 目的
mục đích công cộng	공공목적 公共目的
mục đích sử dụng	용도 用途
mục đích sử dụng đất	지목 地目
mức độ cảm thấy tạp âm	잡음감도 雜音感度
mức độ cảm thấy thiên hướng	편향감도 偏向感度
mục lục bản vẽ	도면목록 圖面目錄
mục lục chất hàng hóa	적하목록 積荷目錄
mục lục chi phí	비목 費目
mục lục hàng hóa	화물목록 貨物目錄
mục lục phân loại	분류목록 分類目錄
mực nuồc	흘수 吃水
mực nước cảnh giác	경계수위 警戒水位
mực nước kế	수위계 水位計, 수준계 水準計
mực nước kế tự ký	자기수위계 自記水位計
mực nước khan	갈수위 渴水位
mực nước lũ lụt	홍수위 洪水位
mực nước ngầm	지하수위 地下水位
mức sống	생활수준 生活水準
mũi tàu	선수 船首
muối axit cácbonic	탄산염 炭酸鹽
muối axit lactic	유산염 硫酸鹽
muối của acid sulfuric	유산(황산)염 硫酸鹽
muối cục(phơi)	천일염 天日鹽
muối mỏ	암염 巖鹽
mương	구거(도랑) 溝渠
mương ngầm	지하구 地下溝
mương nước mưa	우수거 雨水渠
mương nước thải	오수거 汚水渠
mỹ hóa đường phố	거리미화 距離美化

na-tri axít nitric	질산나트륨
na-tri hyđrô axit	유산수소나트륨
nam bán cầu	남반구 南半球
nam châm điện	전자석 電磁石
nam cực	남극 南極
năm dương lịch	회귀년 回歸年
năm thanh toán	결산연도 決算年度
năng khiếu riêng	특기 特技
năng lực chạy ngoài đường	노외주행능력 路外走行能力
năng lực gánh nặng	부하능력 負荷能力
năng lực kéo	견인능력 牽引能力
năng lực nhận thức	인식능력 認識能力
năng lực phân giải vuông góc	수직분해능력 垂直分解能力
năng lực phóng xạ	반사능 反射能
năng lực thức biệt	식별능력 識別能力
năng lực tín dụng	신용능력 信用能力
năng lượng bức xạ	복사에너지
năng lượng điện tử	전자에너지
năng lượng kết hợp	결합에너지
năng lượng kết hợp proton	양자결합에너지
năng lượng lượng tử	양자에너지
năng lượng nhiệt	열에너지
năng lượng thể tích	체적에너지
năng lượng vị trí	위치에너지
não	뇌 腦
nạo vét	준설 浚渫
ném bỏ phế liệu	폐기물투기 廢棄物投棄
nén cao	고압축 高壓縮
nền đường	노반 路盤
nền đường sắt	철도노반 鐵道路盤
nền móng	토대 土臺
nền tảng kinh tế	경제기반 經濟基盤
neo	정박 碇泊
neo tàu	계선 繫船

ngã tư	교차로 交叉路
ngắm bắn	조준 照準
ngăn cản bụi	방진 防塵
ngăn chặn tai nạn	사고방지 事故防止
ngân clo hóa	염화은 鹽化銀
ngân hàng đất đai	토지은행 土地銀行
ngân ốcxy hóa	산화은 酸化銀
ngành	계열 系列
ngành công nghiệp sắt thép	철강업 鐵鋼業
ngành nghề	업종 業種
ngành thủy lực	유체역학 流體力學
ngay chính giữa	정중 正中
ngày nghỉ	휴가 休暇
ngày tháng bắt đầu	착수년월일 着手年月日
ngày tháng hoàn công	준공년월일 竣工年月日
ngày tháng hợp đồng	계약년월일 契約年月日
ngày thanh toán	결산일 決算日
nghề chăn nuôi	목축업 牧畜業
nghề chế tạo thuốc	제약업 製藥業
nghề dệt đan	방직업 紡織業
nghề gốm	요업 窯業
nghe lén	도청 盜聽
nghề nghiệp	직업 職業
nghề nuôi tằm	잠업 蠶業
nghe rõ	가청 可聽
nghề xây dựng	건설업 建設業
nghẹt thở	질식 窒息
nghỉ làm không xin phép	무단결근 無斷缺勤
nghi vấn	의문 疑問
nghĩa trang	공동묘지 共同墓地
nghiên cứu	연구 研究
nghiên cứu cơ sở	기초연구 基礎研究
nghiên cứu đậu xe	주차연구 駐車研究
nghiên cứu thực dụng hóa	실용화연구 實用化研究

nghiêng dốc gấp	급구배 急句配
nghiêng dốc từ từ	완구배 緩勾配
nghiêng tâm	경심 傾心
nghiêng trục	축경사 軸傾斜
nghiêng về một bên	편중 偏重
nghiệp vụ y tế	보건업무 保健業務
ngoại diện	외면 外面
ngoại lộ	노외 路外
ngoại ô	근교 近郊
ngòi nổ	뇌관 雷管
ngòi nổ	도화선 導火線
ngòi nổ	촉발 觸發
ngọn lửa	화염 火焰
ngực	가슴 胸
ngực	흉곽(가슴) 胸廓
người chặt cây	벌목공 伐木工
người cho thuê	임차인 賃借人
người đặt hàng	발주자 發注者
người đi biển	항법사 航法士
người đi bộ	보행자 步行者
người điều hành	경영자 經營者
người độc quyền	특허권자 特許權者
người đông đúc	과밀 過密
người giám sát	감시공 監視工
người kiểm định	감정인 鑑定人
người kiến lập	건립자 建立者
người kinh doanh	경영자 經營者
người mang mầm bệnh	보균자 保菌者
người phá tan	발파공 發破工
người phát minh	발명가 發明家
người quản lý văn phòng	사무장 事務局長
người quyền hạn cấp trên	상급권한자 上級權限者
người sử dụng	사용자 使用者
người tàn tật	장애인 障碍人

người thiết kế	설계사 設計士
người thuê mướn	임대인 賃貸人
người trúng độc	중독자 中毒者
người vũ trụ	우주인 宇宙人
nguồn bệnh	병원 病原
nguồn cung cấp	공급원 供給源
nguồn cung cấp nước	수원지 水源池
nguồn điện	전원 電源
nguồn điện giao lưu	교류전원 交流電源
nguồn điện lưu	전류원 電流源
nguồn động lực	동력원 動力源
nguồn nhiệt	열원 熱源
nguồn nước	수원 水源
nguồn nước	수자원 水資源
nguồn nước trên	상수원 上水源
nguồn phát điện	발전원 發電源
nguồn sóng điện	전파원 電波源
nguy hiểm	위험 危險
ngụy trang	위장 僞裝
nguyên bản	원판 原板
nguyên điểm	원점 原點
nguyên điểm đo tạm	가측량원점 假測量原點
nguyên lần hai	이차원 二次元
nguyên lý tính tương đối	상대성원리 相對性原理
nguyên lý tương đương	등가원리 等價原理
nguyên tố	소자 素子
nguyên tố chỉ thị	지시원소 指示元素
nguyên tố dị vị	이위원소 異位元素
nguyên tố đồng vị không ổn định	불안정동위원소 不安定同位元素
nguyên tố đồng vị phóng xạ	방사성동위원소 放射性同位元素
nguyên tố kali axit nitric	질산칼륨
nguyên tố kali axit nitric	초석(질산칼륨) 硝石
nguyên tố không ổn định	불안정원소 不安定元素

nguyên tố mạch điện	회로소자 回路素子
nguyên tố mạch điện trực tiếp	직접회로소자 直接回路素子
nguyên tố một giá	일가원소 一價元素
nguyên tố phóng xạ	방사성원소 放射性元素
nguyên tố tam giá	삼가원소 三價元素
nguyên tố vi lượng	미량원소 微量元素
nguyên tử	원자 原子
nguyên tử không ổn định	불안정원자 不安定原子
nguyệt thực	월식 月蝕
nhà cửa độc lập	독립가옥 獨立家屋
nhà ga	기차정류장 汽車停留場
nhà ga	역 驛
nhà ga đến	도착역 到着驛
nhà kho	저장고 貯藏庫
nhà máy	공장 工場
nhà máy	제작소 製作所
nhà máy cán mỏng	압연공장 壓延工場
nhà máy điện hỏa lực	화력발전소 火力發電所
nhà máy điện nguyên tử	원자력발전소 原子力發電所
nhá máy điện nhiệt thái dương	태양열발전소 太陽熱發電所
nhà máy lọc dầu	정유공장 精油工場
nhà máy phát điện sức gió	풍력발전소 風力發電所
nhà máy sắt	제철소 製鐵所
nhà máy tàu	조선소 造船所
nhà nghiên cứu địa chất	지질학자 地質學者
nhà ở cao tầng	고층주택 高層住宅
nhà ở công cộng	공공주택 公共住宅
nhà ở đơn độc	단독주택 單獨住宅
nhà ở tập hợp	집합주택 集合住宅
nhà trẻ	탁아소 託兒所
nhắm bắn trên dưới	상하조준 上下照準
nhãn khoa học	안과학 眼科學
nhân loại	인류 人類
nhận rõ	식별 識別

nhân số lao động	노동인구 勞動人口
nhân sự	인사 人事
nhân tài	인재 人材
nhân tạo	인조 人造
nhân thể	인체 人體
nhân tố hình tượng	형상인자 形象因子
nhân tố khí hậu	기후인자 氣候因子
nhân tố quan trọng thông thường	일반요인 一般要因
nhân viên	인원 人員
nhân viên quản lý tòa nhà	건축물감독공무원 建築物監督公務員
nhân viên văn phòng	사무원 事務員
nhập cảnh	입국 入國
nhập cảnh bất hợp pháp	불법입국 不法入國
nhập khẩu	수입 輸入
nhất định	일정 一定
nhất tề	일제 一齊
nhất thể hóa	일원화 一元化
nhất thời	일시 一時
nhật thực	일식 日食
nhất trọng	일중 一重
nhí hóa nhiên liệu	연료기화 燃料氣化
nhị nguyên	이원 二元
nhiệm vụ chính	주임무 主任務
nhiệm vụ chủ	주임무 主任務
nhiên liệu cao cấp	고급연료 高級燃料
nhiên liệu chất đặc	고체연료 固體燃料
nhiên liệu đặc thù	특수연료 特殊燃料
nhiên liệu hạt nhân	핵연료 核燃料
nhiên liệu hạt nhân thứ nhất	일차핵연료 一次核燃料
nhiên liệu hóa học	화학연료 化學燃料
nhiên liệu không có khói	무연연료 無煙燃料
nhiên liệu tái sinh	재생연료 再生燃料
nhiên liệu thán hóa khinh	탄화수소연료 炭化水素燃料

nhiệt biến thành	열변성 熱變成
nhiệt bốc hơi	증발열 蒸發熱
nhiệt bức xạ	복사열 輻射熱
nhiệt bùng nổ	폭발열 爆發熱
nhiệt điện	전열 電熱
nhiệt độ cao	고온 高溫
nhiệt độ thấp	저온 低溫
nhiệt đốt cháy	연소열 燃燒熱
nhiệt lượng	열량 熱量
nhiệt lượng kế	열량계 熱量計
nhiệt ma sát	마찰열 摩擦熱
nhiệt nén	압축열 壓縮熱
nhiệt nguyên tử	원자열 原子熱
nhiệt ôxy hóa	산화열 酸化熱
nhiệt phản ứng	반응열 反應熱
nhiệt phát ra	방출열 放出熱
nhiệt tạo thành	생성열 生成熱
nhiệt thái dương	태양열 太陽熱
nhiều mục đích sử dụng	다용도 多用途
nhiễu xạ	회절 回折
nhiễu xạ âm hưởng	음향회절 音響回折
nhiễu xạ điện tử	전자회절 電子回折
nhìn sai	착시 錯視
nhô ra	돌기 突起
nhỏ vô hạn	무한소 無限小
nhồi sọ	주입 注入
nhóm máu	혈액형 血液型
nhôm ôxy hóa	산화알루미늄
nhu cầu giao thông	교통수요 交通需要
như nhau	균일 均一
nhựa	아스팔트
nhựa chống nước	방수아스팔트
nhựa có màu	유색아스팔트
nhựa dầu lửa	석유아스팔트

nhựa đúc tạo	주조아스팔트
nhựa gia nhiệt	가열아스팔트
nhựa nhân tạo	인조아스팔트
nhựa rải đường	역청
nhựa thiên nhiên	천연아스팔트
nhuộm	염색 染色
niêm dịch	점액 粘液
nitro hóa	질산염 窒酸鹽
nợ	채무(빚) 債務
nổ ga	가스폭발
nổ hạt nhân	핵폭발 核爆發
nổ hạt nhân tầng hầm	지하핵폭발 地下核爆發
nổ ngân hà	은하폭발 銀河爆發
nổ răm rắp	일제폭발 一齊爆發
nổ súng	발사 發射
nổ súng	발포 發泡
nội áp	내압 內壓
nội bộ	내부 內部
nối co giãn	신축이음
nối co lại	수축이음
nơi cung cấp	공급지 供給地
nơi cung cấp nước	급수장 給水場
nối đôi	겹이음
nơi giao điểm	교차점 交叉點
nơi giao điểm quỹ đạo	궤도교차점 軌道交叉點
nơi hẻo lánh	오지 奧地
nội khoa	내과 內科
nội khoa học	내과학 內科學
nơi làm việc	작업지 作業地
nơi lấy đất	토취장 土取場
nội lực dài ra	인장내력 引張內力
nơi mục đích	목적지 目的地
nối ngang	가로이음
nối nhà máy	공장이음

nội quy	규율 規律
nối thi công	시공이음
nối tiếp vô tuyến	무선중계 無線中繼
nông cạn	피상 皮相
nóng chảy	융해 融解
nòng cốt	중추 中樞
nông cụ	농기구 農器具
nồng độ	농도 濃度
nồng độ giới hạn	한계농도 限界濃度
nồng độ iôn hydro	수소이온농도
nồng độ kế	농도계 濃度計
nồng độ trọng lượng	중량농도 重量濃度
nóng lên trông thấy	비열 比熱
nóng lên trông thấy định áp	정압비열 定壓比熱
nóng rực	작열 灼熱
nông thôn	농촌 農村
nông trường	농장 農場, 전지 田地
núi	산 山
núi băng	빙산 氷山
núi lửa	화산 火山
núi lửa đã tắt	사화산 死火山
núi lửa đang cháy	활화산 活火山
núi lửa tắt	휴화산 休火山
nung mủ	화농 化膿
nước bề mặt cốt liệu	골재표면수 骨材表面水
nước bị dơ	침출수 沈出水
nước biển	해수 海水
nước cao áp	고압수 高壓水
nước cất	증류수 蒸溜水
nước chứa	저수 貯水
nước còn lại	여수 餘水
nước công nghiệp	공업용수 工業用水, 산업용수 産業用水
nước cứng	경수 硬水
nước cứu hỏa	소방용수 消防用水

nước đầm lầy	소택수 沼澤水
nước dơ dưới đất	침출수 沈出水
nước dơ phân cứt	분뇨오수 糞尿汚水
nước dơ sinh hoạt	생활오수 生活汚水
nước đục	탁수 濁水
nước được làm lạnh	피냉각수 被冷却水
nước giếng	샘 泉, 샘수 泉水
nước giếng	우물수 井水
nước hấp thụ	흡입수 吸入水, 흡착수 吸着水
nước kết hợp	결합수 結合水
nước lạnh	냉수 冷水
nước lọc	여과수, 정화수 淨化水
nước lưu động	유동수 流動水
nước màng	피막수 皮膜水
nước mao quản	모관수 毛管水
nước mặt đất	지표수 地表水
nước máy công nghiệp	공업용수도 工業用水道
nước mềm	연수 軟水
nước mềm hóa	연수화 軟水化
nước mưa	강수 降水, 우수 雨水
nước muối	염수 鹽水
nước nặng. trọng thủy	중수 重水
nước ngầm	지하수 地下水
nước ngọt	담수 淡水
nước ngọt hóa	담수화 淡水化
nước nhiệt	열수 熱水
nước nóng	온수 溫水
nước ô nhiễm	오염수 汚染水
nước ô nhiễm công nghiệp	공업오수 工業汚水
nước quay vòng	회전수 回轉水
nước quay vòng làm lạnh	냉각회전수 冷却回轉水
nước quay vòng nhiệt	열회전수 熱回轉水
nước rửa	세정수 洗淨水
nước sạch	정수 淨水

nước sạch hóa học	화학정화수 化學淨化水
nước sản xuất dầu mỏ	산유국 産油國
nước sinh hoạt	생활용수 生活用水
nước sôđa	소다
nước sông	하천수 河川水
nước sử dụng	용수 用水
nước thải	오수 汚水
nước thải	폐수 廢水
nước thải công nghiệp	산업폐수 産業廢水
nước tinh thể	결정수 結晶水
nước trên đất	지상수 地上水
nước trên đường phát triển	발전도상국 發展途上國
nước trung lập	중립국 中立國
nước tự nhiên	천연수 天然水
nước tưới	관개용수 灌漑用水
nước uống	음용수 飮用水
nước ướp lạnh	냉각용수 冷却用水
nước vôi	석회수 石灰水
nước xử lý Clo	염소처리수 鹽素處理水
nút giao thông	교차로 交叉路
nút giao thông hình vòng	환상교차로 環狀交叉路

ổ có phích cắm	단자 端子
ổ có phích cắm điện	전기단자 電氣端子
ổ gà	요철 凹凸
ô nhiễm chất lượng nước	수질오염 水質汚染
ô nhiễm khói	대기오염 大氣汚染
ô nhiễm môi trường	환경오염 環境汚染
ô nhiễm môi trường xe hơi	자동차공해 自動車公害
ô nhiễm năng lực phóng xạ	방사능오염 放射能汚染
ô nhiễm nước biển	해수오염 海水汚染
ô nhiễm thoát hơi	배기가스오염
ở trên không	가공 架空
ổn định	안정 安定
ổn định hóa	안정화 安定化
ổn định hóa điện áp	전압안정화 電壓安定化
ổn định hóa thổ nhưỡng	토양안정화 土壤安定化
ổn định trên dưới	상하안정 上下安定
ôn độ bão hòa	포화온도 飽和溫度
ôn độ bề mặt	표면온도 表面溫度
ôn độ bề mặt đất	지표면온도 地表面溫度
ôn độ bức xạ	복사온도 輻射溫度
ôn độ điểm hỏa	점화온도 點火溫度
ôn độ đốt cháy	연소온도 燃燒溫度
ôn độ hít vào	흡기온도 吸氣溫度
ôn độ kế nhiệt điện	열전온도계 熱電溫度計
ôn độ kế tự ký	자기온도계 自記溫度計
ôn độ không khí	공기온도 空氣溫度
ôn độ không khí ngoài	외기온도 外氣溫度
ôn độ nhất định	일정온도 一定溫度
ôn độ phát hỏa	발화온도 發火溫度
ôn độ phòng cháy	연소실온도 燃燒室溫度
ôn độ tới hạn	임계온도 臨界溫度
ôn độ tuyệt đối	절대온도 絶對溫度
ôn thất	온실 溫室
ống bơm nước	배수관 排水管

ống chân không	진공관 眞空管
ống chân không tam cực	삼극진공관 三極眞空管
ống chia mưa	우수분기관 雨水分岐管
ống chỉnh lưu	정류관 整流管
ống chủ áp lực	압력주관 壓力主管
ống cung cấp	공급관 供給管
ống cung cấp nhiên liệu	연료공급관 燃料供給管
ống dẫn	도관 導管
ống dẫn dầu	송유관 送油管
ống dẫn nước	급수관 給水管
ống đất	토관 土管
ống điện tử	전자관 電子管
ống đổ	주입관 注入管
ống đồ gốm	애관 碍管
ống đổ xăng	급유관 給油管
ống đồng	동관 銅管
ống đưa vào	주입관 注入管
ống ga	가스관
ống gang	주철관 鑄鐵管
ống gửi ra	송출관 送出管
ống hít vào	흡입관 吸入管
ống hơi nước	증기관 蒸氣管
ống hút	흡입관 吸入管
ống khói	연통 煙筒
ống khuếch đại	증폭관 增幅管
ống liên kết	접속관 接續管
ống mẫu đơn	작약관 芍藥管
ống nghiệm	시험관 試驗管
ống nhòm thiên thể	천체망원경 天體望遠鏡
ống nhún	완충기 緩衝器
ống nước	송수관 送水管
ống nước dơ	오수관 汚水管
ống phún xạ	분사관 噴射管
ống sưởi ấm	난방관 暖房管

ống tháo nước	배수관 排水管
ống thép gang	강관 鋼管
ống thép gang	강철관 鋼鐵管
ống thoát nước	배수관 排水管
ống thổi lửa	취관 吹管
ống thổi ra	취출관 吹出棺
ống thông gió	배기관 排氣管
ống thông gió	송풍관 送風管
ống thu hút	흡수관 吸收管
ống thủy lộ	소수관 疏水管
ống tiếp nhận hình ảnh	수상관 受像管
ống tính toán	계수관 計數管
ống trung tâm	중심관 中心管
ôxy dịch hóa	액화산소 液化酸素

phá đá	쇄석 碎石
phá hoại chót trước	전단파괴 前端破壞
phá hoại cơ sở	기초파괴 基礎破壞
phá hoại tính kéo dài	연성파괴 延性破壞
phá tan	발파 發破
pha trộn bê tông	콘크리트치기
phá vỡ	분열 分裂
phá vỡ	파쇄 破碎
phạm vi bao hàm tòa nhà	건폐율
phạm vi chảy ngược	역류범위 逆流範圍
phạm vi nghe	가청범위 可聽範圍
phạm vi sử dụng	사용범위 使用範圍
phân áp	분압 分壓
phân áp kế	분압계 分壓計
phản bác	반발 反撥
phản bác từ khí	자기반발 磁氣反撥
phân biệt	식별 識別
phân biệt quang	광분열 光分裂
phân bố	분포 分布
phân bổ tần số	주파수할당 周波數割當
phân bố xác suất	확률분포 確率分布
phần cao nhất	상단 上段
phân chia	구분 區分
phân chia	분할 分割
phân chia thì giờ	시분할 時分割
phản chiếu	투영 投影
phản chiếu góc vuông	수직투영 垂直投影
phân cực điện tử	전자편극 電子偏極
phân cực nghiệm	편광자 偏光子
phân cực nghiệm can thiệp	간섭편광기 干涉偏光器
phân cực phân tử	분자분극 分子分極
phân cực quang	편광 偏光
phân cực quang kế	편광계 偏光計
phán đoán địa hình	지형판단 地形判斷

phản đoán tình hình	상황판단 狀況判斷
phản đối	이의 異議
phản động	반동 反動
phân giải đôi	복분해 複分解
phân giải hạt nhân	핵분해 核分解
phân giải hóa học	화학분해 化學分解
phân giải hoàn nguyên	환원분해 還元分解
phân giải nhiệt	열분해 熱分解
phân giải quang	광분해 光分解
phân giải tăng nhiệt độ	가열분해 加熱分解
phân hạch	핵분열 核分裂
phân hạch gấp ba lần	삼중핵분열 三重核分裂
phân hình	주사 走査
phần kèm theo	별첨 別添
phân loại	분류 分類
phân loại học đá	암석분류학 巖石分類學
phân loại kỹ năng đường	도로기능분류 道路機能分類
phân loại tàu thuyền	선급 船級
phân loại thổ nhưỡng	토양분류 土壤分類
phân loại tính chất đất thống nhất	통일토질분류 統一土質分類
phản lực mặt đất	지면반력 地面反力
phân ly	해리 解離
phân ly nhiệt	열해리 熱解離
phân ly tần số	주파수분리 周波數分離
phân ly thêm nước	가수해리 加水解離
phân mẫu	분모 分母
phân nhánh	분기 分岐
phân phát gánh nặng	부하배분 負荷配分
phân phát tỷ lệ	비례배분 比例配分
phân phối điện thế	전위분포 電位分布
phân phối liên tục	연속분포 連續分布
phân phối nhiên liệu	연료분배 燃料分配
phân phối tài nguyên	자원분배 資源分配

phân phối tần số	주파수분배 周波數分配
phân số	분수 分數
phản tác dụng	반작용 反作用
phân tán	살포 撒布, 소개 疏開
phân tán âm hưởng	음향분산 音響分散
phân tích	검출 檢出
phân tích	분석 分析
phân tích bề mặt	계면분석 界面分析
phân tích biểu đồ	도해분석 圖解分析
phân tích cấu tạo	구조분석 構造分析
phân tích chất khí	기체분석 氣體分析
phân tích chất lượng nước	수질분석 水質分析
phân tích chi phí hiệu quả	비용효과분석 費用效果分析
phân tích chi phí lợi ích	비용이익분석 費用利益分析
phân tích công nghiệp	공업분석 工業分析
phân tích điện	전기분석 電氣分析
phân tích định lượng	정량분석 定量分析
phân tích độ đục	탁도분석 濁度分析
phân tích đốt cháy	연소분석 燃燒分析
phân tích dung lượng	용량분석 容量分析
phân tích gián tiếp	간접분석 間接分析
phân tích giọt nước	점적분석 點滴分析
phân tích hệ thống	계통분석 系統分析
phân tích hóa học	화학분석 化學分析
phân tích hoa văn nước	수문분석 水紋分析
phân tích hoạt động kinh tế	경제활동분석 經濟活動分析
phân tích học vị trí	위상분석학 位相分析學
phân tích huỳnh quang	형광분석 螢光分析
phân tích khối lượng	질량분석 質量分析
phân tích kiểu quạt	선형분석 線形分析
phân tích kính hiển vi	현미경분석 顯微鏡分析
phân tích kinh tế kỹ thuật	기술경제분석 技術經濟分析
phân tích kỹ thuật	기술분석 技術分析
phân tích lượng thường	상량분석 常量分析

phân tích lý hóa	이화분석 理化分析
phân tích mắc nối tiếp	직렬분석 直列分析
phân tích mao quản	모관분석 毛管分析
phân tích mắt thịt	육안분석 肉眼分析
phân tích máy móc	기기분석 機器分析
phân tích môi trường	환경분석 環境分析
phân tích mục tiêu	목표분석 目標分析
phân tích nguyên tố	원소분석 元素分析
phân tích nhiệt	열분석 熱分析
phân tích ống thổi lửa	취관분석 吹管分析
phân tích quang học	광학분석 光學分析
phân tích quang phổ	분광분석 分光分析
phân tích rây	체분석 分析
phân tích sai số	오차분석 誤差分析
phân tích so sánh	비교분석 比較分析
phân tích sóng	파형분석 波形分析
phân tích tài liệu thử	시료분석 試料分析
phân tích tần số	주파수분석 周波數分析
phân tích thành phần	성분분석 成分分析
phân tích thời tiết	일기분석 日氣分析
phân tích thước đo	척도분석 尺度分析
phân tích tình báo	정보분석 情報分析
phân tích tính chất	성질분석 性質分析
phân tích tinh thần	정신분석 精神分析
phân tích trọng lượng	중량분석 重量分析
phân tích từ khí	자기분석 磁氣分析
phân tích tương tự	근사분석 近似分析
phân tích tỷ trọng	비중분석 比重分析
phân tích vật lý	물리분석 物理分析
phân tích vi lượng	미량분석 微量分析
phân tích x-ray	x-선분석 x-線分析
phần trăm bóng râm	음영률 陰影率
phần trăm hút âm	흡음율 吸音率
phần trăm vận hành	가동률 稼動率

phần trên	상上
phân tử	분자 分子
phần tử thán tố	탄소입자 炭素粒子
phân tử tính vô cực	무극성분자 無極性分子
phản tỷ lệ	반비례 反比例
phản ứng bề mặt	계면반응 界面反應
phản ứng bùng nổ	폭발반응 爆發反應
phản ứng cảm ứng	감응반응 感應反應
phản ứng cố kết	응집반응 凝集反應
phản ứng cơ sở	기초반응 基礎反應
phản ứng dây chuyền	연쇄반응 連鎖反應
phản ứng dây chuyền phân hạch	핵분열연쇄반응 核分裂連鎖反應
phản ứng dây chuyền trung hòa tử	중성자연쇄반응 中性子連鎖反應
phản ứng đốt cháy	연소반응 燃燒反應
phản ứng dung hợp	융합반응 融合反應
phản ứng dung hợp hạt nhân	핵융합반응 核融合反應
phản ứng dung hợp nguyên tử hạt nhân	원자핵융합반응 原子核融合反應
phản ứng dương tính	양성반응 陽性反應
phản ứng giao hoán	교환반응 交換反應
phản ứng hạt nhân nhiệt	열핵반응 熱核反應
phản ứng hạt nhân phát nhiệt	발열핵반응 發熱核反應
phản ứng hóa học	화학반응 化學反應
phản ứng hút nhiệt	흡열반응 吸熱反應
phản ứng khí ozon	오존반응
phản ứng không quay ngược	비가역반응 非可逆反應
phản ứng khử khinh khí	탈수소반응 脫水素反應
phản ứng ngược	역반응 逆反應
phản ứng nguyên tử hạt nhân	원자핵반응 原子核反應
phản ứng ôcxy hóa	산화반응 酸化反應
phản ứng phát nhiệt	발열반응 發熱反應
phản ứng phụ	부반응 副反應

phản ứng quay ngược	가역반응 可逆反應
phản ứng thêm vào	부가반응 附加反應
phản ứng thêm vào ôxy	산소첨가반응 酸素添加反應
phản ứng thức	반응식 反應式
phản ứng thức hóa học	화학반응식 化學反應式
phản ứng tính axit	산성반응 酸性反應
phản ứng trung hòa tử	중성자반응 中性子反應
phản ứng trung hòa tử proton	양자중성자반응 陽子中性子反應
phản ứng vật xúc tác	촉매반응 觸媒反應
phản xạ có điều kiện	조건반사 條件反射
phản xạ năng	반사능 反射能
phản xạ sóng điện	전파반사 電波反射
phản xạ tầng điện ly	전리층반사 電離層反射
phanh	제동 制動
phanh động cơ	발동기제동 發動機制動
pháp tắc kết hợp	결합법칙 結合法則
pháp tắc nọa tính	관성법칙 慣性法則
pháp tắc phân phối	분배법칙 分配法則
pháp tắc thứ nhất động lực học nhiệt	열역학제일법칙 熱力學第一法則
pháp tắc vận động	운동법칙 運動法則
pháp tắc vật lý	물리법칙 物理法則
pháp thiên vị	편위법 偏位法
phát điện	발전 發電
phát hiện	탐지 探知
phát minh	발명 發明
phát nhiệt	발열 發熱
phát nhiệt thể	발열체 發熱體
phát ra	방출 放出
phát ra điện tử	전자방출 電子放出
phát ra điện tử dương	양전자방출 陽電子放出
phát ra điện tử nhiệt	열전자방출 熱電子放出
phát ra điện tử quang	광전자방출 光電子放出
phát ra điện tử thứ nhất	일차전자방출 一次電子放出

phát ra iôn nhiệt	열이온방출
phát ra quang điện tử	광전자방출 光電子放出
phát sáng ra	발광 發光
phát sinh	발생 發生
phát sinh áp thấp	저기압발생 低氣壓發生
phát sinh bong bóng	기포발생 起泡發生
phát sinh ga	가스발생
phát sinh khí áp cao	고기압발생 高氣壓發生
phát sinh khí áp thấp	저기압발생 低氣壓發生
phát sinh nhiệt	열발생 熱發生
phát tán	발산 發散
phát tán ga	가스발산
phát thanh viên	아나운서
phế liệu	폐기물 廢棄物
phế liệu có hại	유해폐기물 有害廢棄物
phế liệu sản nghiệp	산업폐기물 産業廢棄物
phế phẩm sử dụng lại	재활용폐품 再活用廢品
phế quản	기관지 氣管支
phế vật liệu kiến trúc	건축폐자재 建築廢資材
phép thập phân	십진법 十進法
phép phân loại thập phân	십진분류법 十進分類法
phép tắc bảo vệ thường	일반수칙
phép tích phân	적분법 積分法
phí thường lệ	경상비용 經常費用
phi trường	공항 空港
phi trường quốc tế	국제공항 國際空港
phía Bắc	진북 眞北
phích cắm thắp sáng	점화플러그
phố phường	시가 市街
phố phường hóa	시가화 市街化
phổ thông	일반 一般
phổi	폐 肺
phối cảnh	원근법 遠近法
phối cảnh	조감도 鳥瞰圖

phối hợp	배합 配合
phối hợp thuần	순배합 純配合
phối hợp trên danh nghĩa	공칭배합 公稱配合
phối hợp trọng lượng	중량배합 重量配合
phòng	방 室, 실 室
phòng bị	방비 防備
phong cảnh đường	거리풍경 距離風景
phong cảnh đường phố	거리풍경 距離風景
phong cảnh thành phố	도시조경 都市造景
phòng cấp cứu	응급실 應急室
phóng đại	과대 過大
phòng điểm hỏa	점화실 點火室
phóng điện	방전 放電
phóng điện ánh lửa	불꽃방전
phóng điện điện tử	전자방전 電子放電
phóng điện liên tục	연속방전 連續放電
phóng điện tần số cao	고주파방전 高周波放電
phóng điện trong giây lát	순간방전 瞬間放電
phòng độc	방독 防毒
phòng đốt cháy	연소실 燃燒室
phòng ga	가스실
phòng giảm thế	감압실 減壓室
phòng hỏa	방화 防火
phong hóa	풍화 風化
phòng hỏa hoạn	화재방지 火災防止
phòng học	교실 敎室
phong hướng kế	풍향계 風向計
phòng khách	거실 居室
phòng khô khan	건조실 乾燥室
phòng làm việc	작업실 作業室
phòng lạnh	냉방 冷房
phỏng lạnh	동상 凍傷
phong lượng kế	풍량계 風量計
phòng nghỉ	휴게실 休憩室

phòng ngự	방어 防禦
phòng ngủ	침실 寢室
phòng tắm	샤워실
phòng tắm	욕실 浴室
phòng tăng áp lực	가압실 加壓室
phòng thí nghiệm	시험실 試驗室
phòng thiết kế	제도실 製圖室
phòng thử nghiệm công nghiệp	공업시험실 工業試驗室
phòng thử nghiệm đất đai	토양시험실 土壤試驗室
phòng thử nghiệm di động	이동시험실 移動試驗室
phòng thử nghiệm địa chất	지질시험실 地質試驗室
phòng thử nghiệm hiện trường	현장시험실 現場試驗室
phòng thử nghiệm hóa học	화학시험실 化學試驗室
phòng thử nghiệm máy móc	기계시험실 機械試驗室
phòng thử nghiệm ngoại ô	야외시험실 野外試驗室
phòng thử nghiệm nội thất	실내시험실 室內試驗室
phòng thử nghiệm sản phẩm công nghiệp	공산품시험실 工産品試驗室
phòng thử nghiệm thi công	시공시험실 施工試驗室
phòng thử nghiệm tổng hợp	종합시험실 綜合試驗室
phòng thử nghiệm trung ương	중앙시험실 中央試驗室
phòng tiếp tân	접견실 接見室
phong tỏa	봉쇄 封鎖, 폐쇄 閉鎖
phong tỏa kinh tế	경제봉쇄
phòng trực	당직실 當直室
phòng tuyết	방설 防雪
phòng vệ sinh	화장실 化粧室
phóng xạ ngược	역방사 逆放射
phóng xạ proton	양자방사 陽子放射
phòng y tế	의무실 醫務室
phốt pho	인 燐
phốt phua	인화물 燐化物
phụ cận	인접 隣接
phụ liệu dự bị	예비부품 豫備部品

phủ sơn	도장 塗裝
phụ thuộc	부속 附屬
phục chế	복제 複製
phức hợp	복합 複合
phúc lợi	복지 福祉
phục nguyên	복원 復元
phun	분무 噴霧
phun lửa	분화 噴火
phun nước	분수 噴水
phún xạ	분사 噴射
phún xạ nhiên liệu	연료분사 燃料噴射
phươg hướng vô tuyến	무선방향 無線方向
phương châm nghiên cứu	연구방침 研究方針
phương hướng	방향 方向
phương hướng chiếu	조사방향 照査方向
phương hướng định	정방향 定方向
phương hướng khu vực	단지방향 團地方向
phương hướng ngang	횡방향 橫方向
phương hướng ngược	역방향 逆方向
phương hướng tải trọng	하중방향 荷重方向
phương hướng trục	축방향 軸方向
phương hướng vòng	회전방향 回轉方向
phương thức bức xạ	복사방식 輻射方式
phương thức cách hàng 　hải vô tuyến	무선항법방식 無線航法方式
phương thức chế ngự	제어방식 制御方式
phương thức dẫn đầu	유도방식 誘導方式
phương thức dẫn nọa tính	관성유도방식 慣性誘導方式
phương thức đến gần	근접방식 近接方式
phương thức điểm hỏa	점화방식 點火方式
phương thức hạ cánh 　dẫn mặt đất	지상유도착륙장치 地上誘導着陸裝置
phương thức khởi động	구동방식 驅動方式
phương thức sử dụng một lần	일회사용방식 一回使用方式

phương thức tập trung	집중방식 集中方式
phương thức thay phiên	교대제(방식) 交代制
phương thức trở lại	회귀방식 回歸方式
phương thức vận hành	작동방식 作動方式
phương trình hàng	행렬방정식 行列方程式
phương trình liên hợp	연립방정식 聯立方程式
phương trình tích phân	적분방정식 積分方程式
phương trình vi phân	미분방정식 微分方程式
phương trình vô tỉ	무리방정식 無理方程式
phương vị	방위 方位
phương vị đầu tàu	선수방위 船首方位
phương vị từ khí	자기방위 磁氣方位
pin	전지 電池
pin khô	건전지 乾電池
pin thái dương	태양전지 太陽電池
proton thứ nhất	일차양자 一次陽子
pyeong(đơn vị diện tích)	평 坪

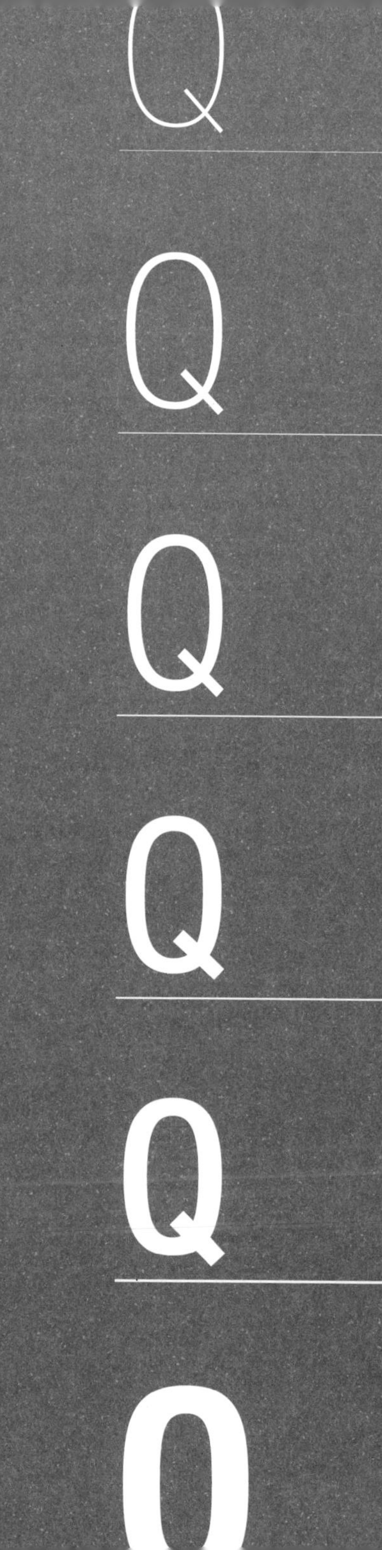

quá axit phốt pho	과인산 過燐酸
quá bành trướng	과팽창 過膨脹
quá bão hòa	과포화 過飽和
quá biến tấu	과변조 過變調
quá cao	과대 過大
quá đáng	과도 過渡
qua đêm	일박 一泊
quá điện áp	과전압 過電壓
quá điện lưu	과전류 過電流
quá gánh nặng	과부하 過負荷
quá gánh nặng trong giây lát	순간과부하 瞬間過負荷
quá nhiệt	과열 過熱
quá nhỏ	과소 過少
quá phóng điện	과방전 過放電
quả thận	신장 腎臟
quá tốc độ	과속 過速
quá trình	경로 經路
quá trình tích hợp	집적과정 集積過程
quá trình truyền đạt	전달경로 傳達經路
quá trình tuần hoàn	순환과정 循環過程
quan cấp trên	상관 上官
quản chế nổ súng	발사관제 發射管制
quản chế viễn	원격관제 遠隔管制
quần đảo	열도 列島
quan hệ	관계 關係
quan hệ ngược	역관계 逆關係
quan hệ vị trí	위상관계 位相關係
quân liên hiệp quốc	국제연합군 國際聯合軍
quản lý chất lượng	품질관리 品質管理
quản lý công trình	공정관리 工程管理
quản lý đất	토지관리 土地管理
quản lý nhân lực	인력관리 人力管理
quản lý nhân sự	인사관리 人事管理
quản lý nhiệt	열관리 熱管理

quản lý tập trung	집중관리 集中管理
quản lý tổ chức giao thông	교통시스템관리
quản lý trưởng thành	성장관리 成長管理
quản lý. trông nom	감리 監理
quan sát	관측 觀測
quan sát giao hội	교회관측 交會觀測
quan sát khí tượng	기상관측 氣象觀測
quan sát thiên thể	천체관측 天體觀測
quan sát thủy văn	수문관측 水文觀測
quan sát vệ tinh nhân tạo	인공위성관측 人工衛星觀測
quân trại	야영장 野營場
quang ắc quy	광전지 光電池
quang áp	광압 光壓
quang điện	광전 光電
quang điện tử	광전자 光電子
quang độ hằng tinh	항성광도 恒星光度
quang độ kế	광도계 光度計
quang độ kế ánh sáng phân cực	편광광도계 偏光光度計
quang độ kế quang phổ	분광광도계 分光光度計
quang độ thấp	저광도 低光度
quang học	광학 光學
quang học điện tử	전자광학 電子光學
quang học vật lý	물리광학 物理光學
quang hợp thành	광합성 光合成
quang lượng	광량 光量
quang lượng tử	광양자 光量子
quang niên. một năm sáng sủa	광년 光年
quang phía sau	배면광 背面光
quang phổ	분광 分光
quang phổ kế nhiễu xạ	회절분광계 回折分光計
quang phổ phát sáng ra	발광스펙트럼
quang proton	광양자 光陽子
quang sai	광행차 光行差
quang sai hằng tinh	항성광행차 恒星光行差

quang trở	광저항 光抵抗
quang trọng hợp	광중합 光重合
quang trung tâm	광중심 光中心
quảng trường	광장 廣場
quảng trường giao thông	교통광장 交通廣場
quang truyền dẫn	광전도 光傳導
quạt máy	선풍기 扇風機
quay mặt	외면 外面
quay một lần	일회전 一回轉
quay ngược	가역 可逆
quay ngược lại	반전 反轉
quay ngược lại	역전 逆轉
quay ngược lại vị trí	위상반전 位相反轉
quay phim hàng không	항공촬영 航空撮影
quay vòng giảm	완회전 緩回轉
quay vòng khẩn cấp	급선회 急旋回
quay vòng ngân hà	은하회전 銀河回轉
quay vòng quán tính	관성회전 慣性回轉
que chế ngự lòng thiên lệch	편심제어봉 偏心制御棒
que hàn	용접봉 鎔接棒
que nhiên liệu	연료봉 燃料棒
que thán tố	탄소봉 炭素棒
que thiên tâm	편심봉 偏心棒
que thông	탐침 探針
que thu hút	흡수봉 吸收棒
que tiếp đất	접지봉 接地棒
qui chế kiến trúc	건축규제 建築規制
qui chế lợi dụng đất đai	토지이용규제 土地利用規制
quốc hữu hóa đất	토지국유화 土地國有化
quốc lộ	국도 國道
quốc lộ cao tốc	고속국도 高速國道
quốc phòng	국방 國防
quốc thổ	국토 國土
quy cách	규격 規格

quy cách hóa	규격화 規格化
quỹ đạo biến đổi	변경궤도 變更軌道
quỹ đạo đường nghiêng	경사궤도 傾斜軌道
quỹ đạo hàng đôi	복선궤도 複線軌道
quỹ đạo hàng đơn	단선궤도 單線軌道
quỹ đạo ngừng lại	정지궤도 靜止軌道
quỹ đạo tròn	원궤도 圓軌道
quỹ đạo trung gian	중간궤도 中間軌道
quỹ đạo vệ tinh	위성궤도 衛星軌道
quỹ đạo vô hạn	무한궤도 無限軌道
quy định	규정 規定
quy định chấp hành ép buộc	강제집행규정 强制執行規定
quy định phân chia	분할규정 分割規定
quy định quan hệ bồi thường	보상관계규정 補償關係規定
quy định vệ sinh công cộng	공중위생규정 公衆衛生規定
quy luật	규율 規律
quy mô	규모 規模
quy mô khai phát	개발규모 開發規模
quy tắc giao thông	교통규칙 交通規則
quy tắc thông tín vô tuyến	무선교신규칙 無線交信規則
quỹ tiền tệ quốc tế	국제통화기금 國際通貨基金
quyền canh tác	경작권 耕作權
quyền công dân	공민권 公民權
quyền đất thuê	차지권 借地權
quyển điện ly	전리권 電離圈
quyền độc lập	독립권 獨立權
quyền hành chính	행정권 行政權
quyển kiểm chế giao thông hàng không	항공교통관제권 航空交通管制圈
quyền kinh doanh	경영권 經營權
quyền lãnh thổ	영토권 領土權
quyền quyết định khu vực mục đích sử dụng	용도지역결정권 用途地域決定權
quyền tác giả	저작권 著作權

quyết định dung lượng đường tốc hành	고속도로용량결정 高速道路容量決定
quyết định kế hoạch thành phố	도시계획결정 都市計劃決定
quyết toán cổ phiếu	어음결제
quyết toán tiền mặt	현금결제 現金決濟

răm rắp	일제 一齊
rắn lại	경화 硬化
ranh giới	경계 境界
ranh giới hàn đới	한대전선 寒帶前線
ranh giới khí hậu	기후경계 氣候境界
ranh giới thời tiết bắc cực	북극전선 北極前線
ranh giới thời tiết lạnh lẽo	한랭전선 寒冷前線
ranh giới thời tiết nhiệt đới	열대전선 熱帶前線
ranh giới thời tiết xích đạo	적도전선 赤道前線
rễ cây chung	공통근 共通根
rẽ nhánh	분기 分岐
rỉ nước	누수 漏水
rỉ qua	침윤 浸潤
rỉ ra	삼출 滲出
rò điện	누전 漏電
rô-bốt vi tiểu hình	초소형로봇
rời bến	출항 出港
rơi nước	주수 注水
rơm	건초(짚) 乾草
rửa sạch	세정 洗淨
rửa sạch hơi nước	증기세정 蒸氣洗淨
rừng cây	삼림 森林
rừng nguyên sơ	원시림 原始林
rừng rậm	밀림 密林
rừng thông	송림 松林
ruộng dễ khô nước	건답 乾畓
ruột	장 腸
ruột thừa	맹장 盲腸
rút khí	배기 排氣
rút lại ốcxy hóa	산화환원 酸化還元
rút ngắn	단축 短縮
rút ra	추출 抽出
rút ra dung môi	용매추출 溶媒抽出
rút ra tiêu bản	표본추출 標本抽出

sa mạc	사막 砂漠
sà xuống	활공 滑空
sắc can thiệp	간섭색 干涉色
sắc độ	색도 色度
sắc tố	색소 色素
sắc tố thể	색소체 色素體
sách dự phòng	예방책 豫防策
sách ngăn chặn	방지책 防止策
sai khác áp lực	압력차 壓力差
sai khác cao thấp	고저차 高低差
sai khác cự ly	거리차 距離差
sai khác điện áp	전압차 電壓差
sai khác điện thế	전위차 電位差
sai khác kinh độ	경도차 經度差
sai khác nước rơi	낙차 落差
sai khác ôn độ	온도차 溫度差
sai khác vị trí	위상차 位相差
sai lạc màu sắc	색수차 色收差
sai lạc quang học	광학수차 光學收差
sai lạc quang học điện tử	전자광학수차 電子光學收差
sai số	오차 誤差
sai số cho phép	허용오차 許容誤差
sai số chung	공차 公差
sai số cự ly	거리오차 距離誤差
sai số đo	측정오차 測定誤差
sai số đường nghiêng	경사오차 傾斜誤差
sai số góc độ	각도오차 角度誤差
sai số kết hợp	합성오차 合成誤差
sai số không điểm	영점오차 零點誤差
sai số kiềm chế	제어오차 制御誤差
sai số nhắc lại	반복오차 反復誤差
sai số số không	영점오차 零點誤差
sai số thiên vị	편위오차 偏位誤差
sai số thống kê	통계오차 統計誤差

sai số tỷ lệ phần trăm	백분율오차 百分率誤差
sai số vị trí	위치오차 位置誤差
săn bắn	수렵 狩獵
sân bay	비행장 飛行場
sân chơi	놀이터
sân gác	테라스
sản lượng	생산고 生産高
sản nghiệp	산업 産業
sản phẩm gia công	가공품 加工品
sản phẩm phụ	부산물 副産物
sân thượng	테라스
sân vận động	경기장 競技場
sản vật	산물 産物
sản xuất	산출 産出
sản xuất hàng loạt	양산 量産
sản xuất khối lượng	대량생산 大量生産
sản xuất lắp ráp	조립생산 組立生産
sản xuất ra	산출 産出
sáng kiến	발의 發意
sao bắc cực	북극성 北極星
sao băng	유성 流星
sao chép	전사 傳寫
sao chép lại	전사 傳寫
sao chép thu nhỏ	축소복사 縮小複寫
sao chổi	혜성 彗星
sao Hải Vương	해왕성 海王星
sao Hỏa	화성 火星
sao Hôm	금성 金星
sao Mộc	목성 木星
sao thay đổi ánh sáng	변광성 變光星
sao Thổ	토성 土星
sao Thủy	수성 水星
sắp đặt	처분 處分
sáp nhập	병합 倂合

sắp xếp	배열 配列
sắt axit cácbonic	탄산철 炭酸鐵
sắt axit lactic	유산철 硫酸鐵
sắt cát	사철 砂鐵
sắt chuyển hóa	유화철 硫化鐵
sắt hợp kim	합금철 合金鐵
sắt kẽm	아연철 亞鉛鐵
sắt luyện	연철 鍊鐵
sát nhập	합병 合倂
sát nhập đất	토지합병 土地合倂
sắt ốcxy hóa	산화철 酸化鐵
sắt silic	규소철 硅素鐵
sắt thép	철강 鐵鋼
sắt thép thứ nhất ốcxy	산화제일철 酸化第一鐵
sát trùng nhiệt độ thấp	저온살균 低溫殺菌
sát trùng tăng nhiệt độ	가열살균 加熱殺菌
sắt vụn	고철 古鐵
sau bán cho thuê	매각후임대 賣却後賃貸
sau việc kết thúc	사후 事後
say rượu	주정 酒酊
sét rỉ bộ phận	부분부식 部分腐蝕
sét rỉ cân bằng	균형부식 均衡腐蝕
sét rỉ chất khí	기체부식 氣體腐蝕
sét rỉ điểm	점부식 點腐蝕
sét rỉ hình điểm	점상부식 點狀腐蝕
sét rỉ hóa học	화학부식 化學腐蝕
sét rỉ hóa học điện khí	전기화학부식 電氣化學腐蝕
sét rỉ hydro	수소부식 水素腐蝕
sét rỉ khí trời	대기부식 大氣腐蝕
siêu cao áp	초고압 超高壓
siêu cao tần	초고주파 超高周波
siêu chất dẫn	초전도체 超傳導體
siêu việt	초월 超越
silic	규소 硅素

silic axit cácbonic	탄화규소 炭化硅素
silic đi ô xít	규사 硅砂
sinh hoạt	생활 生活
sinh lý học	생리학 生理學
sinh lý học thực vật	식물생리학 植物生理學
sinh mạng	생명 生命
sinh thái học thực vật	식물생태학 植物生態學
sinh vật học	생물학 生物學
sinh vật học cổ	고생물학 古生物學
số chấn động	진동수 振動數
sơ cứu	응급처치 應急處置
số đăng ký	등록번호 登錄番號
sơ đồ	도식 圖式
sơ đồ bề mặt của mặt trăng	월면도 月面圖
sơ đồ cách hàng hải vô tuyến	무선항법도 無線航法圖
sơ đồ chế tạo	제작도 製作圖
sơ đồ chi tiết	상세도 詳細圖
sơ đồ cột trụ địa chất	지질주상도 地質柱狀圖
sơ đồ đại khái	개략도 概略圖
sơ đồ địa chất	지질도 地質圖
sơ đồ địa hình	지형도 地形圖
sơ đồ địa thế	지세도 地勢圖
sơ đồ đơn vị	단위도 單位圖
sơ đồ đường ray	선로도 線路圖
sơ đồ đường thủy	수로도 水路圖
sơ đồ đường viền	등고선도 登高線圖
sơ đồ ghi chép động đất	지진기록도 地震記錄圖
sơ đồ hệ thống	계통도 系統圖
sơ đồ khí tượng dự đoán	예상기상도 豫想氣象圖
sơ đồ khu vực mục đích sử dụng	용도지역도 用途地域圖
sơ đồ lắp ráp	조립도 組立圖
sơ đồ mặt cắt ngang	종단면도 縱斷面圖
sơ đồ phân bố từ khí đất	지자기분포도 地磁氣分布圖

số độ rắn	경도수 硬度數
sơ đồ thi công	시공도 施工圖
sơ đồ tình hình	상황도 狀況圖
sở hữu	점유 占有
số hữu tỉ	유리수 有理數
sở hữu trên mặt đất	지상권 地上權
số kết hợp	합성수 合成數
số khả biến	가변수 可變數
số khối lượng	질량수 質量數
sơ lược đồ	개략도 概略圖
số lượng	수량 數量
số lượng hoạt động	활동량 活動量
số lượng khan nước	갈수량 渴水量
số lượng phún xạ nhiên liệu	연료분사량 燃料噴射量
số lượng tháo nước	배수량 排水量
số lượng tử	양자수 量子數
số năm nội dung	내용연수 內容年數
số năm sử dụng	사용연수 使用年數
số nguyên tố	소수 素數
số quay vòng động cơ	발동기회전수 發動機回轉數
so sánh	비교 比較
số siêu thanh giới hạn	한계마하수
số tần số thấp	저주파수 低周波數
số tấn tàu	선박톤수
số tấn thuần đăng ký	등록순톤수
số tấn trọng lượng	중량톤수
số thập phân	십진수 十進數
số thật	실수 實數
sở thú	동물원 動物園
số thứ tự	서수 序數
sở thương mại	상공회의소 商工會議所
số tới hạn	임계수 臨界數
số tổng tấn	총톤수
số tổng tấn đăng ký	등록총톤수

số tự nhiên	자연수 自然數
số vô tỉ	무리수 無理數
sôđa tính ăn da	가성소다
sợi đá lớn	암면 巖綿
sợi hóa học	화학섬유 化學纖維
sợi huyết axit axetic	초산섬유소 醋酸纖維素
sớm	조기 早期
sơn cước	산악지 山岳地
sơn lâm học	임학 林學
sông	강 江
sóng âm	음파 音波
sóng âm không nghe được	불가청음파 不可聽音波
sóng ba góc	삼각파 三角波
sóng bẻ cong	굴절파 屈折波
sóng biến tấu	변조파 變調波
sóng cao	파고 波高
sóng chấn động	진동파 震動波
sóng cú sốc	충격파 衝擊波
sóng cực ngắn	초단파 超短波
sóng dài	장파 長波
sóng điện	전파 電波
sóng điện sử dụng	사용전파 使用電波
sóng điện tầng điện ly	전리층전파 電離層電波
sóng điện tử	전자파 電子波
sóng động đất	지진파 地震波
sóng đứng	정상파 定常波
sóng gió	풍랑 風浪
sóng hàng dọc động đất	지진종파 地震縱波
sóng kết hợp	합성파 合成波
sóng khúc xạ	입사파 入射波
sóng mặt cầu	구면파 球面波
sóng não	뇌파 腦波
sóng não kế	뇌파계 腦波計
sóng ngắn	단파 短波

sóng nhiễu xạ	회절파 回折波
sóng phản xạ	반사파 反射波
sóng phát thanh	송신파 送信波
sóng phương hại	방해파 妨害波
sóng quang	광파 光波
sóng siêu âm	초음파 超音波
song song	평행 平行
song song ngược	역평행 逆平行
sóng tiếp nhận tín hiệu	수신파 受信波
sóng trên đất	지상파 地上波
sóng trung	중파 中波
sóng truyền thanh	방송파 放送波
sóng va chạm mạnh	충격파 衝擊波
sóng vị trí	위상파 位相波
sóng vốn có	고유파 固有波
sự bám chặt	점착 粘着
sự bay không hạ cánh	무착륙비행 無着陸飛行
sự bay theo máy đo	계기비행 計器飛行
sự cân bằng điện lưu	전류밸런스
sự cắt cung lửa ôcxy	산소아크절단
sự chạy	주행 走行
sự đẽo mặt đường	노면패임
sự điều chỉnh	조정 調整
sự dính	흡착 吸着
sự dính vật lý	물리흡착 物理吸着
sự đồng hóa	동화작용 同化作用
sử dụng chiếm đường	도로점용 道路占用
sử dụng chính	주용도 主用途
sử dụng hai bên	양용 兩用
sử dụng phế liệu công nghiệp	산업폐기물활용 産業廢棄物活用
sử học	사학 史學
sự hữu hiệu	유효 有效
sự làm cô đọng	농축 濃縮
sự làm cô đọng cao	고농축 高濃縮

sự làm cô đọng nhiên liệu	연료농축 燃料濃縮
sự lát cao cấp	고급포장 高級鋪裝
sự lát đường	도로포장 道路鋪裝
sự lát nhựa	아스팔트포장
sự lên xuống nước thủy triều	간만차 干滿差
sự nghiệp nước máy thuộc công nghiệp	공업용수도사업 工業用水道事業
sự quay vòng	회전자 回轉子
sự quét hình	주사상 走査像
sự say rượu	주정 酒酊
sự thật	사실 事實
sự tình	사정 事情
sự trộn hai lần	거듭비비기
sự vụ	사무 事務
sự xóa	삭제 削除
sự xuất phát và sự tới	발착 發着
sửa chữa	수리 修理
sửa chữa điểm duyệt	점검수리 點檢修理
sửa đổi	개량 改良, 수정 修正
sửa đổi đất	토지개량 土地改良
sửa đổi quỹ đạo	궤도수정 軌道修正
sửa lại mục tiêu	목표수정 目標修正
suất áp lực	압력비 壓力比
suất bền	내구비 耐久比
suất bị ngập nước	침수율 沈水率
suất biến hình	변형률 變形率
suất biến hình chóp trước	전단변형률 前端變形率
suất bốc hơi	증발율 蒸發率
suất bội	배율 倍率
suất chảy vào	유입률 流入率
suất chìm xuống	침하율 沈下率
suất chống từ khí	자기저항율 磁氣抵抗率
suất cong	곡률 曲率
suất cốt liệu nhỏ	잔골재율 細骨材率

suất cường tính	강성비 剛性比
suất dẫn đường	전도율 傳導率
suất dẫn phân tử	분자전도율 分子傳導率
suất dàn xếp	단락비 短絡比
suất đậu xe	주차율 駐車率
suất đổi tiền	환산율 換算率
suất gánh nặng nhà máy phát điện	발전소부하율 發電所負荷率
suất giảm tốc độ	감속비 減速比
suất hạ xuống	강하율 降下率
suất hao mòn	감모율 減耗率
suất hoàn nguyên	환원율 還元率
suất khả biến	가변비 可變比
suất khấu hao	감가상각율 減價償却率
suất khe hở	간극비 間隙比
suất khe hở	공극률 空隙率
suất khe hở giới hạn	한계간극비 限界間隙比
suất khinh khí ôxy	산소수소비 酸素水素比
suất khúc xạ	굴절율 屈折率
suất khuếch đại	확대율 擴大率
suất khuếch tán nhiệt	열확산율 熱擴散率
suất lắng đọng	침전율 沈澱率
suất lắp ráp	조립율 組立率
suất liên tục	연속률 連續率
suất lỗ khí	기공율 氣孔率
suất lợi dụng	이용율 利用率
suất lợi dụng nhà máy phát điện	발전소이용율 發電所利用率
suất loại trừ ô nhiễm	오염제거율 汚染除去率
suất lưu động	유동률 流動率
suất ly tâm	이심율 離心率
suất mặt bằng	평면율 平面率
suất mật độ	밀도비 密度比
suất mở rộng	신장율 伸張率

suất nén	압축율 壓縮率
suất ngâm nước giới hạn	한계함수율 限界含水率
suất ngâm nước tự nhiên	자연함수비 自然含水比
suất ngập nước	침수율 浸水率
suất nguyên tố đồng vị ôxy	탄소동위원소비 炭素同位元素比
suất nhảy xuống	낙하율 落下率
suất phần trăm	백분율 百分率
suất phát tán	발산율 發散率
suất phóng điện	방전율 放電率
suất phóng xạ	방사율 放射率
suất sai số	오차율 誤差率
suất sản xuất	생산률 生産率
suất sửa lại	수정율 修正率
suất sụp đổ	붕괴율 崩壞率
suất tai nạn	사고율 事故率
suất tăng cường	보강율 補强率
suất tăng lên	상승율 上昇率
suất tăng lên điện áp	전압상승률 電壓上昇率
suất thâm nhập	침투율 浸透率
suất thấp	저율 低率
suất thiên hướng	편향율 偏向率
suất thông gió	환기율 換氣率
suất thu hút	흡수율 吸收率
suất tiêu dùng hơi nước	증기소비율 蒸氣消費率
suất tiêu thụ	소비율 消費率
suất tiêu thụ hơi nước	증기소비율 蒸氣消費率
suất tiêu thụ nhiên liệu	연비율 燃費率
suất tiêu thụ nhiệt	열소비율 熱消費率
suất tính đàn hồi	탄성율 彈性率
suất tới hạn	임계율 臨界率
suất tử vong	사망율 死亡率
suất tỷ lệ bản đồ	축척율 縮尺率
sức bảo tồn	보존력 保存力
sức bền	내구력 耐久力, 지구력 持久力

sức bốc hơi	증발력 蒸發力
sức bùng nổ	폭발력 爆發力
sức cân bằng	평형력 平衡力
sức căng	장력 張力
sức căng bề mặt	계면장력 界面張力
sức căng quỹ đạo	궤도장력 軌道張力
sức chạm	충돌력 衝突力
sức chịu	내력 耐力
sức chịu đựng	내구성 耐久性
sức cho phép	허용력 許容力
sức chống	저항력 抵抗力
sức chuyển hướng	전향력 轉向力
sức cử động	기동력 機動力
sức đặc lại	응력 應力
sức dài ra	인장력 引張力
sức đẩy	추력 推力
sức đẩy mạnh ngược	역추진력 逆推進力
sức điện động	기전력 起電力
sức điện khí	전기력 電氣力
sức điện từ	전자력 電磁力
sức gắn vào	부착력 附着力
sức gia tốc	가속력 加速力
sức giao hoán	교환력 交換力
sức gió	풍력 風力
sức hướng tâm	구심력 求心力
sức hút	인력 引力
sức hút	흡수력 吸水力
sức hút lẫn nhau	상호인력 相互引力
sức kéo	견인력 牽引力
sức kéo lên	양력 揚力
sức kéo tối đa	최대견인력 最大牽引力
sức kết hợp	결합력 結合力
sức khởi điện	기전력 起電力
sức khởi động	구동력 驅動力

sức khởi từ	기자력 起磁力
sức khúc xạ	굴절력 屈折力
sức kinh tế	경제력 經濟力
sức ly tâm	원심력 遠心力
sức ma sát	마찰력 摩擦力
sức nén trục	축압축력 軸壓縮力
sức ngoài	외력 外力
sức nội	내력 內力
sức nóng rực	작열력 灼熱力
sức nước	수력 水力
sức phản đối	반발력 反撥力
sức phản động	반동력 反動力
sức phân giải	분해력 分解力
sức phân tử	분자력 分子力
sức phục nguyên	복원력 復元力
sức quay vòng	회전력 回轉力
sức sản xuất	생산력 生産力
sức sát trùng	살균력 殺菌力
sức tác dụng	작용력 作用力
sức tăng lên tối đa	최대상승력 最大上昇力
sức thấm nước	흡수력 吸水力
sức thu hút	흡수력 吸收力
sức tính hữu nghị điện tử	전자친화력 電子親和力
sức trong giây lát	순간력 瞬間力
sức trung tâm	중심력 中心力
sức từ khí	자기력 磁氣力
sức vận chuyển	수송력 輸送力
sức vận chuyển một lần	일회수송력 一回輸送力
sức vận động	운동력 運動力
sức vận tải	수송력 輸送力
sức xuyên thấu	투과력 透過力
sulfat đồng	황산동 黃酸銅
sulfat kẽm	황산아연
sulfat na-tri	황산나트륨

sulfat nguyên tố kali	황산칼륨
sulfat sắt	황산철 黃酸鐵
sưởi ấm	난방 煖房
suối nước khoáng	광천 鑛泉
suối nước nóng	온천 溫泉
suối thán khí	탄산천 炭酸泉
sương mù	안개
sương mù	연무 煙霧
sụp đổ mặt dốc	비탈면붕괴

tác dụng chỉnh lưu	정류작용	整流作用
tác dụng dẫn đầu	유도작용	誘導作用
tác dụng diện	작용면	作用面
tác dụng giảm sóc	완충작용	緩衝作用
tác dụng hóa học	화학작용	化學作用
tác dụng làm núi nhân tạo	조산작용	造山作用
tác dụng nghịch	역작용	逆作用
tác dụng nổ	폭발작용	爆發作用
tác dụng phản bác	반발작용	反撥作用
tác dụng tạo sơn	조산작용	造山作用
tác dụng từ khí	자기작용	磁氣作用
tác dụng tự trong sạch	자정작용	自淨作用
tác dụng từ xa	원격작용	遠隔作用
tác dụng xúc tác	촉매작용	觸媒作用
tác nghiệp đo lường	측량작업	測量作業
tách ly tâm	원심분리	遠心分離
tách tần số	주파수분리	周波數分離
tách trọng lực	중력분리	重力分離
tái đầu tư	재투자	再投資
tải điện	송전	送電
tai hại công nghiệp	산업재해	産業災害
tái khai phát thành phố	도시재개발	都市再開發
tái khai thác trung tâm thành phố	도심재개발	都心再開發
tài liệu lịch sử	사료	史料
tải lượng	적재톤수	
tai nạn	사고 事故, 재난 災難	
tai nạn giao thông	교통사고	交通事故
tai nạn hàng không	항공사고	航空事故
tai nạn máy bay	항공기사고	航空機事故
tai nạn, sự cố	사고	事故
tài nguyên khoáng chất	광물자원	鑛物資源
tài nguyên khoáng vật	광물자원	鑛物資源
tài nguyên sở tại	현지자원	現地資源

tài nguyên thiên nhiên	천연자원 天然資源
tài nguyên vật chất	물적자원 物的資源
tài sản	자산 資産
tái sản xuất	재생산 再生産
tái sinh âm thanh	음성재생 音聲再生
tái sử dụng phế phẩm	폐품재활용 廢品再活用
tái thu hút	재흡수 再吸收
tải trọng bão	폭풍하중 爆風荷重
tải trọng bề mặt	표면하중 表面荷重
tải trọng chấn động	진동하중 振動荷重
tải trọng chết	사하중 死荷重
tải trọng cho phép trục xe	차축허용하중 車軸許容荷重
tải trọng cực hạn	극한하중 極限荷重
tải trọng dài ra	인장하중 引張荷重
tải trọng động	동하중 動荷重
tải trọng động đất	지진하중 地震荷重
tải trọng đường nứt	균열하중 龜裂荷重
tải trọng giới hạn	한계하중 限界荷重
tải trọng hoạt	활하중 活荷重
tải trọng hoạt thiết kế	설계활하중 設計活荷重
tải trọng lặp lại	반복하중 反復荷重
tải trọng lòng thiên lệch	편심하중 偏心荷重
tải trọng như nhau	균일하중 均一荷重
tải trọng phương hướng trục	축방향하중 軸方向荷重
tải trọng sử dụng	사용하중 使用荷重
tải trọng sụp đổ	붕괴하중 崩壞荷重
tải trọng tập trung	집중하중 集中荷重
tải trọng thiết kế	설계하중 設計荷重
tải trọng tính đàn hồi	탄성하중 彈性荷重
tải trọng tới hạn	임계하중 臨界荷重
tải trọng trục	축하중 軸荷重
tải trọng trục xe	차축하중 車軸荷重
tải trọng vuông góc	수직하중 垂直荷重
tải trọng vượt quá	초과하중 超過荷重

tải trọng xe cộ	차륜하중 車輪荷重
tài vụ	재무 財務
tái xử lý nhiên liệu	연료재처리 燃料再處理
tấm ảnh hàng không	항공사진 航空寫眞
tấm bảng	평판 平板
tấm bảng vô hạn	무한평판 無限平板
tấm đồng	동판 銅板
tâm động đất	진원지 震源地
tấm kẽm	아연판 亞鉛板
tấm kính	판유리 板琉璃
tầm nhìn	시야 視野
tầm nhìn quan sát	관측시계 觀測視界
tầm nhìn tiền phương	전방시계 前方視界
tầm nhìn xa	가시거리 可視距離
tấm phản xạ âm hưởng	음향반사판 音響反射板
tấm sắt	철판 鐵板
tấm sắt hợp thành	합성철판 合成鐵板
tấm ván dụng cụ đo	계기판 計器板
tấm ván mắc dây điện	배선반 配線盤
tấm ván vẽ đồ	도판 圖板
tầm vóc	골조 骨造
tan chảy	용해 鎔解
tán loạn	산란 散亂
tán loạn nhiễu xạ	회절산란 回折散亂
tán loạn tầng điện ly	전리층산란 電離層散亂
tan rã	분쇄 粉碎
tần số âm thanh	음성주파수 音聲周波數
tần số biến tấu	변조주파수 變調周波數
tần số chấn động	진동주파수 振動周波數
tần số đặc tính	특성주파수 特性周波數
tần số dao động	발진주파수 發振周波數
tần số dây	선주파수 線周波數
tần số đến gần	근접주파수 近接周波數
tần số giới hạn	한계주파수 限界周波數

tần số khả biến	가변주파수 可變周波數
tần số nghe rõ	가청주파수 可聽周波數
tần số nhất định	일정주파수 一定周波數
tần số tiêu chuẩn	표준주파수 標準周波數
tần số tín hiệu	신호주파수 信號周波數
tần số trung gian	중간주파수 中間周波數
tần số truyền tin	송신주파수 送信周波數
tần số vô tuyến	무선주파수 無線周波數
tàn tật	장애 障碍
tăng áp	승압 昇壓
tăng áp lực	가압 加壓
tầng bảo hộ	보호층 保護層
tầng bề mặt	표면층 表面層
tầng bình lưu	성층 成層, 성층권 成層圈
tầng cơ sở	기층 基層
tầng điện ly	전리층 電離層
tăng độ ẩm	가습 加濕
tầng đơn nhất	단일층 單一層
tăng gấp đôi	배가 倍加
tăng giá	가격인상 價格引上
tăng gia	증가 增加
tầng hầm	지하실 地下室
tầng kết hợp	결합층 結合層
tầng khoáng	광층 鑛層
tầng khuếch tán	확산층 擴散層
tăng lên	상승 上昇
tăng lên lòng sông	하상상승 河床上昇
tăng lên vuông góc	수직상승 垂直上昇
tầng lưu	층류 層流
tầng lưu động	유동층 流動層
tăng nhiệt độ	가열 加熱, 가온 加溫
tầng ô-zôn	오존층
tầng quay ngược lại	역전층 逆轉層
tầng ranh giới	경계층 境界層

tầng sa thạch	사암층 沙巖層
tầng than	탄층 炭層
tầng thoát nước mặt đất	지면하수층 地面下水層
tăng tốc độ	가속도 加速度
tăng tốc độ gấp	급가속 急加速
tăng tốc độ trọng lực	중력가속도 重力加速度
tầng trên	상층 上層
tầng trung gian	중간층 中間層
tăng trưởng	증식 增殖
tạo thành	생성 生成, 조성 組成
tạo thành lô đất	부지조성 敷地造成
tạo ý căn bản kiến trúc	건축기본구상 建築基本構想
tạp âm	잡음 雜音
tạp chất	불순물 不純物
tạp chủng	잡종 雜種
tập hợp	집합 集合
tập hợp thể	집합체 集合體
tập trung	집중 集中
tập trung ứng lực	응력집중 應力集中
tắt đèn	등화관제 燈火管制
tất yếu	요건 要件
tàu bè	선박 船舶
tàu boong ba tầng	삼층갑판선박 三層甲板船舶
tàu buồm	범선(돛단배) 帆船
tàu cao tốc	쾌속선 快速船
tàu chở dầu	유조선 油槽船
tàu chở hàng	화물열차 貨物列車
tàu cứu hộ	구명정 救命艇
tàu đánh cá lưới vét	저인망어선 底引網漁船
tàu để đổ bộ	상륙용주정 上陸用舟艇
tàu giám sát	감시선 監視船
tàu hạ cánh mặt trăng không người lái	무인달착륙선
tàu không định kỳ	부정기선 不定期船

tàu kiến tạo	건조선 建造船
tàu máy trục	기중기선 起重機船
tàu ngầm	잠수함 潛水艦
tàu nhỏ	주정 舟艇
tàu nhỏ để đổ bộ	상륙용주정 上陸用舟艇
tàu phá băng	쇄빙선 碎氷船
tàu thăm dò Hỏa tinh	화성탐사선 火星探査船
tàu tuần	순시선 巡視船
tàu tuần biển	순양함 巡洋艦
tàu tuần đèn pha	등대순시선 燈臺巡視船
tàu tuần tra	초계정 哨戒艇
tàu ướp lạnh	냉동선 冷凍船
tàu vét	준설선 浚渫船
tàu vô động lực	무동력선 無動力船
tàu vũ trụ	우주선 宇宙船
tàu vũ trụ người lái	유인우주선 有人宇宙船
tẩy	세정 洗淨
tẩy hơi nước	증기세정 蒸氣洗淨
tây nguyên	서기 西紀
tay thợ	숙련공 熟練工
tay thước	각목 角木
tế bào	세포 細胞
tên giao việc	용역명 用役名
tên gọi	명목 名目
tên khoa học	학명 學名
tên làm việc	작업명 作業名
tên lửa ba tầng	삼단로켓
teo lại	수축 收縮
thạch anh	석영 石英
thạch anh màu tím	자수정 紫水晶
thạch học	암석학 巖石學
thạch miên	석면 石綿
thái bình dương	태평양 太平洋
thái dương nhiệt	태양열 太陽熱

thâm nhập	침투 浸透
thám sát động đất	지진탐사 地震探査
thám sát khu vực	지역탐사 地域探査
thám sát từ xa	원격탐사 遠隔探査
thẩm tra dự bị	예비심사 豫備審査
thẩm tra thiết kế	설계심사 設計審査
thấm vào	삼투 滲透
than bụi	연탄 煉炭
than bùn	이탄 泥炭
than đá	석탄 石炭
than đá thô	무연탄 無煙炭
than gỗ	목탄 木炭
thán hóa	탄산화 炭酸化, 탄화 炭化
thán hóa khinh bão hòa	포화탄화수소 飽和炭化水素
thán hóa khinh hương thơm	방향탄화수소 芳香炭化水素
thán hóa khinh với mỡ	지방족탄화수소 脂肪族炭化水素
thán hóa vật	탄화물 炭化物
than hoạt tính	활성탄 活性炭
thán khí	탄산가스
thần kinh	신경 神經
than nhựa	역청탄
than non	갈탄 褐炭
than thủy	탄수 炭水
thán tố	탄소 炭素
thán tố rắn lại	경화탄소 硬化炭素
thán tố thán hóa	탄화탄소 炭化炭素
thăng bằng bánh xe	차륜평형 車輪平衡
thăng bằng biên độ	진폭평형 振幅平衡
thặng dư	초과 超過
thang máy	승강기 昇降機
thành lập	개설 開設, 설정 設定
thành lập mạng thông tin	통신망개설 通信網開設
thành phần	성분 成分
thành phần bao hàm	함유성분 含有成分

thành phần có hại	유해성분 有害成分
thành phần độc lập	독립성분 獨立成分
thành phần hóa học	화학성분 化學成分
thành phố công nghiệp	산업도시 産業都市
thành phố kế hoạch	계획도시 計劃都市
thành phố không kế hoạch	비계획도시 非計劃都市
thành phố kiểu quạt	선형도시 線形都市
thành phố mới	신도시 新都市
thành phố to lớn	거대도시 巨大都市
thành phố tụ điểm	거점도시 據點都市
thành phố vệ tinh	위성도시 衛星都市
thành quả	성과 成果
thanh quản	후두 喉頭
thành tàu	방벽(방파제) 防壁
thanh toán	결제 決濟
thanh tra	감사 監事
thanh tra công khai	공개감사 公開監査
thanh tra kế toán	회계감사 會計監査
thảo địa	초지 草地
tháo lui	이탈 離脫
thảo mộc	초목 草木
tháo nước bất lương	배수불량 排水不良
thao tác	조작 操作
tháp cấp nước	급수탑 給水塔
thắp đèn	점등 點燈
thấp độ kế	습도계 濕度計
tháp khô	건조탑 乾燥塔
tháp khoan	굴착 掘鑿
tháp kiềm chế sân bay	공항관제탑 空港管制塔
tháp lên hơi	증류탑 蒸溜塔
thắp sáng	채광 採光
thắp sáng gián tiếp	간접채광 間接採光
tháp sắt	철탑 鐵塔
tháp truyền thanh	방송탑 放送塔

thấu hóa	투화 透化
thấu kính điện tử	전자렌즈
thay đổi	경질(바꿈) 更迭
thay đổi	교대 交代, 변경 變更, 치환 置換
thay đổi sử dụng	용도변경 用途變更
thay phiên	교대 交代
thay thế	대용 代用
thể chế	체제 體制
thể đồng tộc	동족체 同族體
thể hệ đặt tên cự ly	거리명명체계 距離命名體系
thể hệ hóa	체계화 體系化
thể hệ phân loại không gian	공간분류체계 空間分類體系
thể hình cầu	구상체 球狀體
thể hữu cơ	유기체 有機體
thể kết hợp	결합체 結合體
thể lập phương	입방체 立方體
thế phù sa	충적세 沖積世
thể phức hợp sản quân	산군복합체 産軍複合體
thể sáng mặt trời	발광체 發光體
thể sữa	유제 乳劑
thể tích	체적 體積
thể tích đơn vị	단위체적 單位體積
thể tích khô ráo	건조체적 乾燥體積
thềm lục địa	대륙붕 大陸棚
thêm vào	부가 附加, 첨가 添加
thép cán mỏng	압연강 壓延鋼
thép cấu tạo	구조강 構造鋼
thép công cụ	공구강 工具鋼
thép công cụ thán tố	탄소공구강 炭素工具鋼
thép đặc thù	특수강 特殊鋼
thép gang	주철강 鑄鐵鋼
thép gang hình H	H형강 H 形鋼
thép gang hình ㄱ	ㄱ형강 ㄱ 形鋼
thép gang hình ㄷ	ㄷ형강 ㄷ 形鋼

thép hợp kim	합금강 合金鋼
thép hợp kim chịu nhiệt	내열합금강 耐熱合金鋼
thép non	연강 軟鋼
thép silic	규소강 硅素鋼
thép thán tố	탄소강 炭素鋼
thép tính axit	산성강 酸性鋼
thì giờ	시간 時間
thì giờ bội phần	배가시간 倍加時間
thì giờ chiếu sáng	조사시간 照射時間
thì giờ di động	이동시간 移動時間
thì giờ đốt cháy	연소시간 燃燒時間
thì giờ hở	노출시간 露出時間
thì giờ lãnh cảm	불감시간 不感時間
thì giờ phân giải	분해시간 分解時間
thì giờ phản ứng	반응시간 反應時間
thì giờ rơi xuống	낙하시간 落下時間
thì giờ vận chuyển	운송시간 運送時間
thi hành	시행 施行
thi hành phá nát	폭파실시 爆破實施
thị lực	시력 視力
thí nghiệm bền	내구시험 耐久試驗
thí nghiệm chịu nhiệt	내열시험 耐熱試驗
thí nghiệm chống thân tàu	선체저항시험 船體抵抗試驗
thí nghiệm độ rắn	경도시험 硬度試驗
thí nghiệm đường nghiêng	경사시험 傾斜試驗
thí nghiệm gánh nặng	부하시험 負荷試驗
thí nghiệm hạt nhân	핵실험 核實驗
thí nghiệm khoan vào tiêu chuẩn	표준관입시험 標準貫入試驗
thí nghiệm không phá hoại	비파괴시험 非破壞試驗
thí nghiệm khúc quanh	굴곡시험 屈曲試驗
thí nghiệm lưu động	유동시험 流動試驗
thí nghiệm mệt mỏi	피로시험 疲勞試驗
thí nghiệm môi trường	환경시험 環境試驗

thí nghiệm nén va chạm mạnh	충격압축시험 衝擊壓縮試驗
thí nghiệm ngắt mạch	단락시험 短絡試驗
thí nghiệm ngoài lộ	노외시험 路外試驗
thí nghiệm ngoại ô	야외시험 野外試驗
thí nghiệm ngưng tập	응집시험 凝集試驗
thí nghiệm nổ súng	발사시험 發射試驗
thí nghiệm sức căng	장력시험 張力試驗
thí nghiệm tác động	작동시험 作動試驗
thí nghiệm thực dụng	실용시험 實用試驗
thí nghiệm tính chống nước	방수성시험 防水性試驗
thí nghiệm tính dài ra	연성시험 延性試驗
thí nghiệm tốc độ	속도시험 速度試驗
thí nghiệm trên đường	노상시험 路上試驗
thí nghiệm va chạm mạnh	충격시험 衝擊試驗
thí nghiệm vận hành	작동시험 作動試驗
thí nghiệm vật liệu	재료시험 材料試驗
thí nghiệm vị trí hiện	현위치시험 現位置試驗
thí nghiệm vùng lạnh	한지시험 寒地試驗
thị sát	시찰 視察
thích hợp nhất hóa hình đường	선형최적화 線型最適化
thích ứng	적응 適應
thiểm chức	말단직 末端職
thiên bình	편평 扁平
thiên hướng	편향 偏向
thiên hướng giới điện	전계편향 電界偏向
thiên lưu	편류 偏流
thiên lưu kế	편류계 偏流計
thiên tai địa biến	천재지변 天災地變
thiên thể	천체 天體
thiên văn học	천문학 天文學
thiên vị	편파 偏波
thiết bị an toàn giao thông	교통안전시설 交通安全施設
thiết bị ánh đèn	등화시설 燈火施設, 등화장치 燈火裝置

thiết bị bấm giờ điện tử	전자타이머
thiết bị bảo an	보안장치 保安裝置
thiết bị bắt lửa	발화장치 發火裝置
thiết bị bật lửa	점화장치 點火裝置
thiết bị bật lửa phóng điện ánh lửa	불꽃방전점화장치
thiết bị biến thế	변압장치 變壓裝置
thiết bị bỏ không	유휴시설 遊休施設
thiết bị bộc phá	폭파전 爆破栓
thiết bị bơm nước	소수장치 疏水裝置, 양수장치 揚水裝置
thiết bị cách âm	방음장치 防音裝置
thiết bị cải tạo	변성장치 變成裝置
thiết bị cảng tàu	항만설비 港灣設備
thiết bị chẩn đoán	진단장치 診斷裝置
thiết bị chế ngự	제어장치 制御裝置
thiết bị chế ngự giao thông	교통제어시설 交通制御施設
thiết bị chế ngự nhiên liệu	연료제어장치 燃料制御裝置
thiết bị chi viện	지원설비 支援設備
thiết bị chịu hàn	내한장치 耐寒裝置
thiết bị chống chạm	충돌방지장치 衝突防止裝置
thiết bị chống đỡ khung xe	차체지지장치 車體支持裝置
thiết bị chống mất trộm	도난방지장치 盜難防止裝置
thiết bị chóp	단말장치 端末裝置
thiết bị chữa cháy	소화장치 消火裝置
thiết bị chưng cất	증류장치 蒸溜裝置
thiết bị chuyển động	전동장치 傳動裝置
thiết bị cổ trướng	복수장치 復水裝置
thiết bị công cộng	공공시설물 公共施設物
thiết bị công nghiệp	공업시설 工業施設
thiết bị công trình đất	토공장비 土工裝備
thiết bị cung cấp	공급장치 供給裝置
thiết bị cung cấp điện	배전장치 配電裝置
thiết bị cung cấp nhiên liệu	연료공급장치 燃料供給裝置
thiết bị cung cấp nước	급수장치 給水裝置

thiết bị cung cấp ôxy	산소공급장치 酸素供給裝置
thiết bị cuối cùng	단말장치 端末裝置
thiết bị cứu trợ	구조장치 救助裝置
thiết bị dẫn	전도장치 傳導裝置
thiết bị dẫn đầu hạ cánh	착륙유도장치 着陸誘導裝置
thiết bị dẫn dịch áp	액압전도장치 液壓傳導裝置
thiết bị dẫn hạ cánh	착륙유도장치 着陸誘導裝置
thiết bị dấu hiệu vô tuyến vô chỉ hướng	무지향성무선표식시설 無指向性無線標識施設
thiết bị đẩy lùi	역추진장치 逆推進裝置
thiết bị điện động	전동장치 電動裝置
thiết bị điện lưu	정류자 整流子
thiết bị điều chỉnh	조정장치 調整裝置
thiết bị điều khiển vô tuyến	무선조종장치 無線操縱裝置
thiết bị điều tiết gia tốc	가속조절장치 加速調節裝置
thiết bị định tốc	정속장치 定速裝置
thiết bị đo cựly	거리측정장치 距離測定裝置
thiết bị dò la	탐지장치 探知裝置
thiết bị đồng hồ	계량장치 計量裝置
thiết bị động lực	동력장치 動力裝置
thiết bị đường phố	가로시설 街路施設
thiết bị ép dầu	유압장치 油壓裝置
thiết bị ga	가스장치
thiết bị ghế đôi	복좌장치 復座裝置
thiết bị gia áp	가압장치 加壓裝置
thiết bị gia nhiệt	가열장치 加熱裝置
thiết bị giảm sút ngoài lực	외력감소장치 外力減少裝置
thiết bị giảm sút sức ngoài	외력감소장치 外力減少裝置
thiết bị giảm tốc số hai	이단감속장치 二段減速裝置
thiết bị giới hạn tốc độ	속도제한장치 速度制限裝置
thiết bị hút âm	흡음장치 吸音裝置
thiết bị kéo	견인장치 牽引裝置
thiết bị kêu gọi	호출장치 呼出裝置
thiết bị khí áp kế tự động	자기기압계 自記氣壓計

thiết bị khô ráo loại gỗ	목재건조장치 木材乾燥裝置
thiết bị khởi động	구동장치 驅動裝置, 시동장치 始動裝置
thiết bị khởi và tới	발착시설 發着施設
thiết bị kiềm chế	제어장치 制御裝置
thiết bị kíp nổ	촉발장치 觸發裝置
thiết bị ký ức	기억장치 記憶裝置
thiết bị ký ức băng keo từ khí	자기테입기억장치
thiết bị ký ức từ khí	자기기억장치 磁氣記憶裝置
thiết bị làm lạnh	냉각장치 冷却裝置
thiết bị làm lạnh ép buộc	강압냉각장치 强壓冷却裝置
thiết bị lọc nước	정수장치 淨水裝置
thiết bị lôi kéo	견인장치 牽引裝置
thiết bị mở và đóng	개폐장치 開閉裝置
thiết bị nặng	중장비 重裝備
thiết bị nền tảng	기반시설 基盤施設
thiết bị nền tảng công cộng	공공기반시설 公共基盤施設
thiết bị nền tảng công nghiệp	산업기반시설 産業基盤施設
thiết bị nền tảng thành phố	도시기반시설 都市基盤施設
thiết bị neo tàu	계선장치 繫船裝置
thiết bị ngăn chặn ô nhiễm	공해방지시설 公害防止施設
thiết bị nguồn điện	전원장치 電源裝置
thiết bị nổ súng	발사장치 發射裝置
thiết bị nước sạch	정수장치 淨水裝置
thiết bị ổn định điện áp	전압안정장치 電壓安定裝置
thiết bị phân biệt	식별장치 識別裝置
thiết bị phân biệt riêng	고유식별장치 固有識別裝置
thiết bị phân hình	주사장치 走査裝置
thiết bị phân tích âm thanh	음성분석장치 音聲分析裝置
thiết bị phát sinh trung hòa tử	중성자발생장치 中性子發生裝置
thiết bị phòng hỏa	방화설비 防火設備
thiết bị phòng lạnh	냉방장치 冷房裝置
thiết bị phòng ngự	방어설비 防禦設備
thiết bị phóng ra	사출장치 射出裝置
thiết bị phún xạ ngược	역분사장치 逆噴射裝置

thiết bị quản chế từ xa	원격관제장치 遠隔管制裝置
thiết bị quản lý giao thông	교통관리시설 交通管理施設
thiết bị quay ngược lại	역전장치 逆轉裝置
thiết bị rọi sáng	조명설비 照明說備
thiết bị sức ép dầu	유압장치 油壓裝置
thiết bị sưởi	난방기 煖房器
thiết bị sưởi ấm	난방기 煖房器
thiết bị sưởi ấm	난방시설 暖房施設
thiết bị tái sinh ghi chép	기록재생장치 記錄再生裝置
thiết bị tháo nước	배수설비 配水設備, 배수장치 排水裝置
thiết bị thao túng	조향장치 操向裝置
thiết bị thêm	추가장치 追加裝置
thiết bị thông gió	통풍환기장치 通風換氣裝置
thiết bị thông gió	환기장치 換氣裝置
thiết bị thông tin	통신시설 通信施設
thiết bị thủy điện	수력발전설비 水力發電設備
thiết bị tia hồng ngoại	적외선 장치 赤外線裝置
thiết bị tiếp nhận thông tin	수신장치 受信裝置
thiết bị tính toán	계산장치 計算裝置
thiết bị trị thủy	관개설비 灌漑設備
thiết bị trong sạch	정화시설 淨化施設
thiết bị truy hã	추적장치 追跡裝置
thiết bị truyền dẫn	전도장치 傳導裝置
thiết bị truyền đạt động lực	동력전달장치 動力傳達裝置
thiết bị tự ký	자기장치 自記裝置
thiết bị vận tải hàng hóa	화물수송시설 貨物輸送施設
thiết bị vô tuyến	무선설비 無線設備
thiết bị xe đạp	자전거시설 自轉車施設
thiết bị xử lý chung	공동처리시설 共同處理施設
thiết bị xử lý nước thải	폐수처리시설 廢水處理施設
thiết bị xử lý ván cuối nước thải	하수종말처리시설 下水終末處理施設
thiết bị xuống hàng	하역장치 荷役裝置
thiệt hại chung	공해 公害
thiết kế	제도 製圖

thiết kế cực hạn	극한설계 極限設計
thiết kế khu vực nhà ở	단지설계 團地設計
thiết kế phân chia	분할설계 分割設計
thiết kế phối hợp	배합설계 配合設計
thiết kế sân đậu	주차장설계 駐車場設計
thiết kế thân tàu	선체설계 船體設計
thiết kế thành phố	도시디자인
thiết kế thành phố	도시설계 都市設計
thiết kế thi hành	실시설계 實施設計
thiết kế tính chất dẻo	소성설계 塑性設計
thiết kế tính đàn hồi	탄성설계 彈性設計
thiết kế xe cộ	차량설계 車輛設計
thiết lạnh	냉방장치 冷房裝置
thiết lập	수립 樹立
thiết lập mới	개설 開設
thiếu	부족 不足
thiếu cung cấp	공급부족 供給不足
thiêu đốt	소각 燒却
thiếu máu	빈혈 貧血
thiếu nhân viên	인원부족 人員不足
thiếu sót	불비 不備
thiếu sót cung cấp	공급부족 供給不足
thỉnh cầu	청구 請求
thổ áp chủ động	주동토압 主動土壓
thổ áp thụ động	수동토압 受動土壓
thợ khoan	굴착공 掘鑿孔
thợ lành nghề	숙련공 熟練工
thợ mộc	목공 木工
thổ nhưỡng học	토양학 土壤學
thỏa thuận	합의 合意
thỏa ước	협약 協約
thoái hóa	변성 變性
thoái hóa	퇴화 退化
thoát hơi	배기가스

thoát nước	하수 下水
thời đại cổ sinh	고생대 古生代
thời đại thủy sinh	시생대 始生代
thời gian di động	이동시간 移動時間
thời gian đốt cháy	연소시간 燃燒時間
thời gian tiếp tục mưa	강우지속기간 降雨持續期間
thời kỳ	기간 期間
thời kỳ cho thuê	임대차기간 賃貸借期間
thời kỳ hợp đồng	계약기간 契約期間
thời kỳ kiến trúc	건축기 建築期
thời kỳ sự nghiệp	사업기간 事業期間
thời sai(sự lệch giờ)	시차 時差
thỏi sắt	강괴 鋼塊
thôi thì	이상 以上
thời tiết	일기 日氣
thơm hương an nghỉ	안식향 安息香
thông báo	고시 告示
thông báo bắt đầu	착수통지 着手通知
thông dụng	상용 常用
thông gió	통풍 通風
thông gió	환기 換氣
thông gió ép buộc	강제통풍 强制通風
thông gió nhân tạo	인공통풍 人工通風
thông gió tự nhiên	자연통풍 自然通風
thông hành	통행 通行
thông hành một chiều	일방통행 一方通行
thống kê	통계 統計
thông khí ép buộc	강제통기 强制通氣
thông qua	통과 通過
thông tin	교신 交信
thông tin cao tần	고주파통신 高周波通信
thông tin có dây	유선통신 有線通信
thông tin hàng không	항공통신 航空通信
thông tin một chiều	일방통신 一方通信

thông tin nhiều lớp	다중통신 多重通信
thông tin tầng điện ly	전리층통신 電離層通信
thông tin vệ tinh	위성통신 衛星通信
thông tin viên	통신사 通信士
thủ đoạn sản xuất	생산수단 生産手段
thủ đoạn vận tải	수송수단 輸送手段
thu dụng	수용 收容
thu dụng đất	토지수용 土地收用
thu dụng ép buộc	강제수용 强制收用
thu được	취득 取得
thu hút đồng cảm	공명흡수 共鳴吸收
thu hút không khí	대기흡수 大氣吸收
thu hút tầng điện ly	전리층흡수 電離層吸收
thu lại nhiệt	열회수 熱回收
thu lại vệ tinh	위성회수 衛星回收
thử nghiệm	실험 實驗
thử nghiệm độ dính	점도시험 粘度試驗
thử nghiệm đốt cháy	연소시험 燃燒試驗
thử nghiệm hạt nhân ngầm	지하핵실험 地下核實驗
thử nghiệm nguyên tử	원자력실험 原子力實驗
thử nghiệm phân tích rửa	씻기분석시험
thử nghiệm va chạm mạnh	충격시험 衝擊試驗
thu nhập	수입 收入
thu nhỏ	단축 短縮
thu phát vô tuyến	송수신 送受信
thử tải trọng	하중시험 荷重試驗
thử tháp khoan	시굴 試掘
thư tín dụng	신용장 信用狀
thứ tự	순서 順序
thứ tự điểm hỏa	점화순서 點火順序
thu xếp	수습 修習
thú y	수의사 獸醫師
thú y học	수의학 獸醫學
thư yêu cầu kỹ thuật	시방서 示方書

thừa nhận	인가 認可
thừa nhận quyết định lợi dụng đất	토지이용결정인가 土地利用決定認可
thừa nhận sở hữu	점유인가 占有認可
thuận lợi	편리 便利
thuật hàng hải	항해술 航海術
thuật kiến trúc	건축술 乾縮術
thuật vẽ	도법 圖法
thuật vẽ vòng tròn lớn	대권도법 大圈圖法
thực đạo	식도 食道
thực dụng	실용 實用
thức ép dầu	유압식 油壓式
thức phân số	분수식 分數式
thực số	실수 實數
thực tập	수습 修習
thực tế	실제 實際
thực vật	식물 植物
thực vật học	식물학 植物學
thuế	관세 關稅
thuế bán	판매세 販賣稅
thuê chiếc tàu	용선 用船
thuế đất	토지세 土地稅
thuế giá trị gia tăng	부가가치세 附加價値稅
thuế lợi ích khai thác	개발이익세 開發利益稅
thuế lợi nhuận	이윤세 利潤稅
thuế nhà nước	국세 國稅
thuế nhập cảng	수입관세 輸入關稅
thuế suất	세율 稅率
thuế tài sản	재산세 財産稅
thuê tàu biển	용선 傭船
thuế xuất khẩu	수출관세 輸出關稅
thùng dự bị	예비탱크
thùng không khí	공기케이슨
thung lũng	계곡 溪谷

thung lũng	분지 盆地
thùng nhiên liệu	연료탱크
thùng nước	수조 水槽
thuốc ảnh bắt sáng	감광제 感光劑
thuốc bám chặt	점착제 粘着劑
thuốc bay màu	탈색제 脫色劑
thuốc bổ sung	보강제 補強劑
thuốc chống khuẩn	방균제 防菌劑
thuốc cố kết	응집제 凝集劑
thuốc cứng hóa	경화제 硬化劑
thuốc diệt cỏ	제초제 除草劑
thuốc dính chặt vào	고착제 固着劑
thước đo	척도 尺度
thước đo góc	분도기 分度器
thước đo góc xiên	편각분도기 偏角分度器
thuốc đóng băng	동결제 凍結劑
thuốc đóng cục	응결제 凝結劑
thuốc đông lại	응결제 凝結劑
thuốc dự phòng	예방제 豫防劑
thuốc giải độc	해독제 解毒劑
thuốc hòa tan cực tính	극성용제 極性溶劑
thuốc hòa tan không cực tính	비극성용제 非極性溶劑
thuộc hóa trị hai	이가 二價
thuốc hoãn lại cứng hóa	경화지연제 硬化遲延劑
thuốc hoàn nguyên	환원제 還元劑
thuốc hoạt tính bề mặt	계면활성제 界面活性劑
thuốc hút	흡수제 吸收劑
thuốc kháng sinh	항생제 抗生劑
thuốc khô ráo	건조제 乾燥劑
thuốc khớp	접합제 接合劑
thuốc khử Clo-ric	탈염소제 脫鹽素劑
thuốc khử mùi	탈취제 脫臭劑
thuốc khử nước	탈수제 脫水劑
thuốc làm cho mềm	연화제 軟化劑

thuốc làm khô	건조제 乾燥劑
thuốc lắng đọng	침전제 沈澱劑
thuộc loại trung	중형 中型
thuốc màu	도료 塗料
thuốc màu cách điện	절연도료 絶緣塗料
thuốc màu chất keo	교질도료 膠質塗料
thuốc màu chịu hỏa	내화도료 耐火塗料
thuốc màu chịu nhiệt	내열도료 耐熱塗料
thuốc màu chống nước	방수도료 防水塗料
thuốc màu da màu	유색도료 有色塗料
thuốc màu dạ quang	야광도료 夜光塗料
thuốc màu dưới tàu	선저도료 船底塗料
thuốc màu hỗn hợp	혼합도료 混合塗料
thuốc màu hữu cơ	유기안료 有機顔料
thuốc màu khử trùng	방부도료 防腐塗料
thuốc màu khử trùng gỗ	목재방부도료 木材防腐塗料
thuốc màu màu trắng	백색도료 白色塗料
thuốc màu phát sáng	발광도료 發光塗料
thuốc màu phòng hỏa	방화도료 防火塗料
thuốc màu thiên nhiên	천연도료 天然塗料
thuốc mê	마취제 麻醉劑
thuốc men	약물 藥物
thuốc men hóa học	화학약품 化學藥品
thuốc men học	약물학 藥物學
thuốc ngăn chặn	방지제 防止劑
thuốc ngăn chặn bong bóng	기포방지제 氣泡防止劑
thuốc ngăn chặn hao mòn	마모방지제 磨耗防止劑
thuốc ngăn chặn lão hóa	노화방지제 老化防止劑
thuốc ngăn ngừa ôxy hóa	산화방지제 酸化防止劑
thuốc nhuộm hỗn hợp	혼합염료 混合染料
thuốc nhuộm huỳnh quang	형광염료 螢光染料
thuốc nhuộm lưu hoàng	유황염료 硫黃染料
thuốc nhuộm thuộc dạng dầu	유성염료 油性染料
thuốc nhuộm tổng hợp	합성염료 合成染料

thuốc nổ	화약 火藥
thuốc nóng chảy	융제 融劑
thuốc nóng chảy hàn xì	용접융제 鎔接融劑
thuốc ốcxy hóa	산화제 酸化劑
thuốc phai màu	탈색제 脫色劑
thuốc phòng hỏa	방화제 防火劑
thuốc sát trùng	살균제 殺菌劑
thuốc sữa hóa	유화제 乳化劑
thuốc tăng cường	보강제 補强劑
thuốc thêm vào	첨가제 添加劑
thuốc thoái hóa	변성제 變性劑
thuốc thử	시약 試藥
thuốc thử hóa học	화학시약 化學試藥
thuộc tính	속성 屬性
thuốc tỏa khói	발연제 發煙劑
thước trắc vi	마이크로미터
thuốc trải nước	탈수제 脫水劑
thuốc tráng phim	현상액 現像液
thuốc trong sạch	청정제 清淨劑
thuốc trừ sâu	방충제 防蟲劑
thuốc ức chế tổng hợp	종합억제제 綜合抑制劑
thuốc xúc tiến	촉진제 促進劑
thuốc xúc tiến cứng hóa	경화촉진제 硬化促進劑
thuốc xúc tiến điểm hỏa	점화촉진제 點火促進劑
thuốc xúc tiến trọng hợp	중합촉진제 重合促進劑
thường dùng	상용 常用
thượng hạ	상하 上下
thương lượng	교섭 交涉
thượng lưu	상류 上流
thương mại	상업 商業
thủy áp	수압 水壓
thủy áp khe hở	간극수압 間隙水壓
thủy áp lỗ hổng	공극수압 空隙水壓
thủy chưng khí áp	수증기압 水蒸氣壓

thủy đạo	수로 水路
thủy giải chất đạm	단백가수분해 蛋白加水分解
thủy giới	수계 水界
thủy học	수리학 水理學
thủy lộ còn lại	여수로 餘水路
thủy lộ dẫn vào	도수로 導水路
thủy lộ tưới tiêu	관개수로 灌漑水路
thủy lực học	수력학 水力學
thủy lưu	수류 水流
thủy lưu kế	수류계 水流計
thủy mật	수밀 水密
thủy môn	수문 水門
thủy môn học	수문학 水文學
thủy ngân	수은 水銀
thủy ngân axit nitric	질산수은 窒酸水銀
thủy ngân chuyển hóa	유화수은 硫化水銀
thủy ngân chuyển hóa	유화수은 硫化水銀
thủy ngân thứ nhất clo hóa	염화제일수은 鹽化第一水銀
thủy ngân thứ nhì clo hóa	염화제이수은 鹽化第二水銀
thủy phân	가수분해 加水分解
thủy phi cơ	수상비행기 水上飛行機
thuyền	선박 船舶
thuyền trưởng	선장 船長
thuyền trưởng	항해사 航海士
thuyền viên	선원 船員
thuyết địa động	지동설 地動說
thuyết tiến hóa	진화론 進化論
tia chiếu lại	투사광 投射光
tia gam ma	감마선
tia hồng ngoại	적외선 赤外線
tia hồng ngoại cận	근적외선 近赤外線
tia hồng ngoại xa	원적외선 遠赤外線
tia không nhìn thấy	불가시광선 不可視光線
tia nhìn thấy	가시광선 可視光線

tia nhìn thấy xuyên thấu	투과가시광 透過可視光
tia phóng xạ	방사선 放射線
tia sáng	광선 光線
tia sáng lạ lùng	이상광선 異常光線
tia sáng pháp	광선법 光線法
tia sáng tự nhiên	자연광 自然光
tia sáng phản xạ	반사광선 反射光線
tia tử ngoại	자외선 紫外線
tia tử ngoại xa	원자외선 遠紫外線
tia X	엑스선 X線
tích hợp	집적 集積
tích hợp hóa	집적화 集積化
tích hợp sản xuất	생산집적 生産集積
tích lũy	누적 累積
tích phân	적분 積分
tích toán	적산 積算
tiêm miễn dịch	면역주사 免疫注射
tiền cho thuê	임차료 賃借料
tiền cọc	착수금 着手金
tiền cọc sự nghiệp	사업착수금 事業着手金
tiền điện	전기료 電氣料
tiền đối sách di trú	이주대책비 移住對策費
tiến hóa ngân hà	은하진화 銀河進化
tiền lương	급여(봉급) 給與
tiện mạng điện	배선반 配線盤
tiền mặt	현금 現金
tiện nghi	편의 便宜
tiện phân phối điện	배전반 配電盤
tiền phương	전방 前方
tiền sẵn có	기성금액 旣成金額
tiền sự nghiệp	사업비 事業費
tiền tạo thành	조성비 造成費
tiền trợ cấp khai thác thành phố	도시개발보조금 都市開發補助金

tiền trợ cấp lộ phí	교통비보조금 交通費補助金
tiền trợ cấp riêng	개별보조금 個別補助金
tiền vốn	자금 資金
tiền xây dựng	가설료 架設料
tiếng vang	반향 反響
tiếp cận	인접 隣接
tiếp đất	접지 接地
tiếp điểm	접점 接點
tiếp máu	수혈 輸血
tiếp nhận sóng điện	전파수신 電波受信
tiếp nhận tín hiệu	신호수신 信號受信
tiếp sóng dây	유선중계 有線中繼
tiếp viên hàng không	승무원 乘務員
tiếp xúc đường	선접촉 線接觸
tiết kiệm điện	절전 節電
tiết kiệm nhiên liệu	연료절약 燃料節約
tiêu bản	표본 標本
tiêu chuẩn	수준 水準
tiêu chuẩn kế	수준계 水準計
tiêu điểm	초점 焦點
tiêu diệt khí áp cao	고기압소멸 高氣壓消滅
tiêu dùng	소비 消費
tiêu dùng nhiên liệu	연료소비 燃料消費
tiểu thể	미립자 微粒子
tiêu thụ nhiên liệu	연료소비 燃料消費
tín dụng	신용 信用
tín hiệu âm thanh	음성신호 音聲信號
tín hiệu ánh đèn	등광신호 燈光信號
tín hiệu báo động	경보신호 警報信號
tín hiệu điện khí	전기신호 電氣信號
tín hiệu dừng lại	정지신호 停止信號
tín hiệu được nghe	가청신호 可聽信號
tín hiệu kêu gọi	호출신호 呼出信號
tín hiệu phân biệt	식별신호 識別信號

tín hiệu sửa chữa	수정신호 修正信號
tín hiệu tay	수신호 手信號
tín hiệu tóm tắt thông tin	교신약호 交信略號
tính ẩm ướt	습윤성 濕潤性
tính ăn da	가성 苛性
tính ăn da hóa	가성화 苛性化
tính ảnh bắt sáng	감광성 感光性
tĩnh áp	정압 靜壓
tính axít hóa	산성화 酸性化
tính bám chặt	점착성 粘着性
tình báo	정보 情報
tình báo ba chiều	삼차원정보 三次元情報
tình báo bay	비행정보 飛行情報
tình báo công cộng	공공정보 公共情報
tình báo kỹ thuật khoa học	과학기술정보 科學技術情報
tình báo sự thật	사실정보 事實情報
tính bất biến	불변성 不變性
tính cách	성질 性質
tính chất	성질 性質
tính chất đất	토질성 土質性
tính chất dẻo	가소성 可塑性, 소성 塑性
tính chất máy móc	기계적성질 機械的性質
tính chất thuộc vật lý	물리적성질 物理的性質
tinh chế	정제 精製
tinh chế dầu lửa	석유정제 石油精製
tính chỉ hướng	지향성 指向性
tính chịu	내성 耐性
tính chịu diêm	내염성 耐鹽性
tính chịu động đất	내진성 耐震性
tính chịu đựng	내성 耐性
tính chịu hàn	내한성 耐寒性
tính chịu hỏa	내화성 耐火性
tính chịu lạnh được	내한성 耐寒性
tính chịu lửa	내화성 耐火性

tính chịu nhiệt	내열성 耐熱性
tính chịu nước biển	내해수성 耐海水性
tính chịu tia	내광성 耐光性
tính chống thấm nước	내수성 耐水性
tính chu kỳ	주기성 週期性
tính chu kỳ hạch	핵주기성 核週期性
tính cực	극성 極性
tính cực từ khí	자기극성 磁氣極性
tính cường	강성 剛性
tính đa lỗ	다공성 多孔性
tính đặc dị	특이성 特異性
tính dài ra	연성 延性
tính đàn hồi	탄력 彈力
tính dẫn nhiệt	열전도성 熱傳導性
tính dầu	유성 油性
tính dễ cháy	가연성 可燃性, 인화성 引火性
tính di động	이동성 移動性
tính dị phương	이방성 異方性
tính dính	점성 粘性
tính đồng nhất	균질 均質
tính dựa vào	의존성 依存性
tính êm ái	쾌적성 快適性
tính giữ ấm	보온성 保溫性
tính gợn sóng nhấp nhô	파상 波狀
tính hòa tan	가용성 可溶性
tính hòa tan trong nước	수용성 水溶性
tính hoạt động động đất	지진활동성 地震活動性
tính hoạt lưu	활류성 活流性
tính hút độ ẩm	흡습성 吸濕性
tính hút hơi nước	흡습성 吸濕性
tính kén chọn	선택성 選擇性
tính khả biến	가변성 可變性
tính khả năng	가능성 可能性
tính khách quan	객관성 客觀性

tính không chỉ hướng	무지향성 無指向性
tính không dẫn điện	부도성 不導性
tính không kiểu quạt	비선형성 非線形性
tính kiểu quạt	선형성 線型性
tính kinh tế	경제성 經濟性
tính lưu động	유동성 流動性
tĩnh mạch	정맥 靜脈
tính mạnh mẽ	강력성 強力性
tính mềm dẻo	유연성 柔軟性
tính một phương hướng	단방향성 單方向性
tính năng	성능 性能
tính năng cao	고성능 高性能
tính năng kéo	견인성능 牽引性能
tính năng nhiên liệu	연료성능 燃料性能
tính năng tăng lên	상승성능 上乘性能
tính nhắc lại	반복성 反復性
tính nhất thời	일시성 一時性
tính nhiều lỗ	다공성 多孔性
tính nước chảy	통수성 通水性
tính ổn định mặt đường	노면안정성 路面安定性
tính ổn định nhiệt	열안정성 熱安定性
tính phân cực quang	편광성 偏光性
tính rắn chắc	강성 剛性
tính siêu dẫn	초전도성 超傳導性
tính sinh tồn	생존성 生存性
tính tan	가융성 可融性
tính teo lại	수축성 收縮性
tinh thần	정신 精神
tính thay thế	치환성 置換性
tinh thể	결정체 結晶體
tính thông khí	통기성 通氣性
tính thụ cảm	감수성 感受性
tính thuốc dung môi chịu	내용제성 耐溶劑性
tính tiền	계산 計算

tính tiếp cận	접근성 接近性
tính tiếp tục	지속성 持續性
tính toán	계산 計算, 계수 計數
tính toán	산정 算定
tính toán cấu tạo	구조계산 構造計
tính toán mặt cắt	단면계수 斷面計數
tính toán nồng độ vi lượng	미량적정 微量滴定
tính toán tích đất	토적계산 土積計算
tính trạng	성상 性狀
tính trạng ga	가스성상
tình trạng khẩn cấp	비상사태 非常事態
tính truyền dẫn điện tử nhiệt	열전자전도성 熱電子傳導性
tinh vân	성운 星雲
tinh vân biến quang	변광성운 變光星雲
tính vận động	운동성 運動性
tính vận hành	가동성 可動性
tinh vân hình vòng	환상성운 環狀星雲
tinh vân ngoài dãy ngân hà	은하계외성운 銀河系外星雲
tinh vân trong dãy ngân hà	은하계내성운 銀河系內星雲
tính vĩnh cửu	영구성 永久性
tính xuyên thấu	투과성 透過性
tổ chức	조합 組合
tổ chức chế ngự ga	가스제어시스템
tổ chức chế ngự giám sát	감시제어시스템
tổ chức hàng không dân gian quốc tế	국제민간항공기구 國際民間航空機構
tổ chức hình mạng	망상조직 網狀組織
tổ chức hóa	조직화 組織化
tổ chức học	조직학 組織學
tổ chức học kim loại	금속조직학 金屬組織學
tổ chức liên minh Bắc Đại Tây Dương(NATO)	북대서양조약기구 北大西洋條約機構
tổ chức mậu dịch thế giới	세계무역기구 世界貿易機構
tổ chức như kim	침상조직 針狀組織

tổ chức quản chế truy nã	추적관제시스템
tổ chức tình báo địa lý	지리정보시스템
tổ chức từng hạt nhỏ	입상조직 粒狀組織
tổ chức xếp thành tầng	층상조직 層狀組織
tờ khai	신고서 申告書
tố tụng	소송 訴訟
tọa chở dầu	유조차 油槽車
tọa độ cây cột	원주좌표 圓柱座標
tọa độ cực	극좌표 極座標
tọa độ địa lý	지리좌표 地理座標
tọa độ điểm tròn	원점좌표 圓點座標
tọa độ dọc	종좌표 縱座標
tọa độ đối xứng	대칭좌표 對稱座標
tọa độ đường hoàng đạo	황도좌표 黃道座標
tọa độ đường thẳng	직선좌표 直線座標
tọa độ góc	각좌표 角座標
tọa độ góc vuông	직각좌표 直角座標
tọa độ góc vuông mặt cầu	구면직각좌표 球面直角座標
tọa độ lưu động	유동좌표 流動座標
tọa độ mặt bằng	평면좌표 平面座標
tọa độ mặt cầu	구면좌표 球面座標
tọa độ thường	일반좌표 一般座標
tọa độ tiêu chuẩn	기준좌표 基準座標
tọa độ tưởng tượng	가상좌표 假想座標
tọa độ xích đạo	적도좌표 赤道座標
tỏa khói	발연 發煙
tòa nhà	건물 建物
tòa nhà phụ thuộc	부속건물 附屬建物
tòa nhà phức hợp	복합건물 複合建物
tỏa nhiệt	방열 放熱
tọa ướp lạnh	냉동차 冷凍車
toàn bộ	전폭(전부) 全幅
toàn cao	전고 全高
toàn chiều dài	전장 全長

toàn diện	전면 全面
toàn thể	전체 全體
tốc độ âm thanh	음속 音速
tốc độ bay	항속 航速
tốc độ cất cánh	이륙속도 離陸速度
tốc độ chậm	저속 低速
tốc độ cho phép	허용속도 許容速度
tốc độ cú sốc	충격속도 衝擊速度
tốc độ đều	등속 等速
tốc độ di động	이동속도 移動速度
tốc độ đơn vị	단위속도 單位速度
tốc độ động cơ	발동기속도 發動機速度
tốc độ động tác	동작속도 動作速度
tốc độ đốt cháy	연소속도 燃燒速度
tốc độ du nhập	유입속도 流入速度
tốc độ gió trong giây lát	순간풍속 瞬間風速
tốc độ giới hạn	한계속도 限界速度
tốc độ kế	속도계 速度計
tốc độ kinh tế	경제속도 經濟速度
tốc độ ngọn lửa	화염속도 火焰速度
tốc độ nhảy xuống	낙하속도 落下速度
tốc độ nhiệt	열속도 熱速度
tốc độ nổ súng	발사속도 發射速度
tốc độ phân chia	분리속도 分離速度
tốc độ phản ứng	반응속도 反應速度
tốc độ phún xạ	분사속도 噴射速度
tốc độ quy định	규정속도 規定速度
tốc độ sóng điện	전파속도 電波速度
tốc độ tan chảy	용융속도 熔融速度
tốc độ tạo ra	생성속도 生成速度
tốc độ thông qua	통과속도 通過速度
tốc độ thông thường	일반(통상)속도 一般速度
tốc độ thông tin	통신속도 通信速度
tốc độ tia	광속도 光速度

tốc độ tia sáng	광선속 光線速
tốc độ trầm	침하속도 沈下速度
tốc độ trong giây lát	순간속도 瞬間速度
tốc độ trượt	활주속도 滑走速度
tốc độ tuần hành	순행속도 巡行速度
tốc độ tương đương	등가속도 等加速度
tốc độ tuyệt đối	절대속도 絶對速度
tốc độ vị trí	위상속도 位相速度
tốc lực tuần tra trên biển	순항속력 巡航速力
tối đa	최대 最大
tới hạn	임계 臨界
tóm tắt	요약 要約
tổn hại thực vật	물적손해 物的損害
tồn tại chung	공존 共存
tổn thất	손실 損失
tổn thất áp lực	압력손실 壓力損失
tổn thất cửa vào	입구손실 入口損失
tổn thất điện lực	전력손실 電力損失
tổn thất lối ra	출구손실 出口損失
tổn thất ma sát	마찰손실 摩擦損失
tổn thất nhiệt	열손실 熱損失
tổn thất nhiệt bức xạ	복사열손실 輻射熱損失
tổn thất phương hướng ngược	역방향손실 逆方向損失
tổn thất trên biển cộng đồng	공동해손 共同海損
tổn thất xuyên thấu	투과손실 透過損失
tổn thương	손상 損傷
tổng công suất	총출력 總出力
tổng diện tich tòa	총건평 總建坪
tổng dự toán	총예산 總豫算
tổng máy	교환기 交換器
tổng máy điện tử	전자교환기 電子交換機
tổng số	합계 合計
tổng số tiền	총액 總額

tổng tải trọng	총하중 總荷重
tổng trọng lượng	총중량 總重量
tổng trọng lượng xe cộ	차량총중량 車輛總重量
tổng trọng lượng xe hơi	자동차총중량 自動車總重量
tổng trụ sở trung ương	중앙총본부 中央總本部
trắc địa	측지 測地
trắc địa đồng bằng	평지측량 平地測量
trắc địa học	측지학 測地學
trắc diện	측면 側面
trắc định sắc độ	색도측정 色度測定
trắc đồ	측면도 側面圖
trắc đồ ngoài tàu	선외측면도 船外側面圖
trắc đồ trong tàu	선내측면도 船內側面圖
trắc trở cố định	고정장애물 固定障碍物
trách nhiệm	책임 責任
trách vụ	책무 責務
trái đất	지구 地球
trái khoán	채권 債券
trái tim	심장 心臟
trạm biến thế cung cấp điện	배전변전소 配電變電所
trạm biến thế không có người	무인변전소 無人變電所
trạm biến thế xuống áp	강압변전소 降壓變電所
trạm kiềm chế giao thông hàng không	항공교통관제소 航空交通管制所
trạm kiềm chế trên mặt đất	지상관제소 地上管制所
trạm kiềm chế truy nã	추적관제소 追跡管制所
trạm lên xe	승차장 乘車場
trạm phát điện sáp nhập nhiệt	열병합발전소 熱倂合發電所
trạm phụ	우주정기장 宇宙停車場
trạm xe	정류소 停留所
trạm xung điện	충전소 充電所
trận bão	돌풍 突風
tràn ngập biển	해일 海溢
trần nhà	천정 天頂

trạng bị	설비 設備
trạng bị cách hàng hải vô tuyến	무선항법장비 無線航法裝備
trạng bị chi viện	지원설비 支援設備
trạng sức ngoài	외장 外裝
trạng thái	상태 狀態
trạng thái ẩm ướt	습윤상태 濕潤狀態
trạng thái bão hòa	포화상태 飽和狀態
trạng thái bão hòa khô ráo bề mặt cốt liệu	골재표면건조상태 骨材表面乾燥狀態
trạng thái cân bằng	평형상태 平衡狀態
trạng thái chất đặc	고체상태 固體狀態
trạng thái chất lỏng	액상 液狀
trạng thái khô ráo tuyệt đối cốt liệu	골재절대건조상태 骨材絕對乾燥狀態
trạng thái không khí	대기상태 大氣狀態
trạng thái không ổn định	불안정상태 不安定狀態
trạng thái không sức hút	무중력상태 無重力狀態
trạng thái nền tảng	기저상태 基底狀態
trạng thái ngưng tập	응집상태 凝集狀態
trạng thái ôxy hóa	산화상태 酸化狀態
trạng thái tác động	작동상태 作動狀態
trạng thái thăng bằng	평형상태 平衡狀態
trạng thái vận hành	작동상태 作動狀態
trạng thái vô định hình	무정형상태 無定形狀態
trạng trí	장치 裝置
tranh chấp	쟁의 爭議
tranh đồ họa	판화 版畵
tranh vẽ chính diện	정면도 正面圖
trao đổi iôn âm	음이온교환
trao đổi iôn dương	양이온교환
trâu ngựa	우마 牛馬
trên	이상 以上
trên danh nghĩa	공칭 公稱

trên dưới	상하 上下
trên mặt đất cao	지상고 地上高
trên mặt nước	수상 水上
trên mực nước biển	표고 標高
trên nước	수상 水上
trí năng	지능 知能
trị số cho phép	허용치 許容値
trị số gần giống	근사치 近似値
trị số giới hạn	한계치 限界値
trị số lý tưởng	이상치 理想値
trị số xác suất	확률치 確率値
trị thủy	관개 灌漑
trị thủy bề mặt đất	지표면관개 地表面灌漑
trị thủy bơm nước	양수관개 揚水灌漑
trị thủy luống cày	고랑관개
trị thủy ngầm	지하관개 地下灌漑
trị thủy trọng lực	중력관개 重力灌漑
trị thủy tưới nước	살수관개 撒水灌漑
triệu chứng	증후 症候
triều lưu	조류 潮流
triều ngược	역조 逆潮
triều xuống	간조 干潮
trở lại	회귀 回歸
tro núi lửa	화산재
trồng cây	조림 造林
trồng cây gây rừng	녹화 綠化
trồng cây gây rừng thành phố	도시녹화 都市綠化
trồng giả	가식 假植
trong giây lát	순간 瞬間
trọng hợp	중합 重合
trọng hợp chuyển hóa thành sữa	유화중합 乳化重合
trọng hợp dây chuyền	연쇄중합 連鎖重合
trọng hợp nhiệt độ thấp	저온중합 低溫重合

trọng hợp ôcxy hóa	산화중합 酸化重合
trọng hợp thể	중합체 重合體
trọng hợp thể hình đường	선상중합체 線狀重合體
trọng hợp thể lập thể	입체중합체 立體重合體
trồng lại	이식 移植
trong lòng đất	지중 地中
trọng lực lượng tử	양자중력 量子重力
trọng lực trái đất	지구중력 地球重力
trọng lượng	중량 重量
trọng lượng bản thân	자체중량 自體重量
trọng lượng cất cánh	이륙중량 離陸重量
trọng lượng cấu tạo	구조중량 構造重量
trọng lượng chất hàng hóa	적하중량 積荷重量
trọng lượng có thể sử dụng	사용가능중량 使用可能重量
trọng lượng đơn vị khô	건조단위중량 乾燥單位重量
trọng lượng động cơ	발동기중량 發動機重量
trọng lượng khô	건조중량 乾燥重量
trọng lượng không gánh nặng	무부하중량 無負荷重量
trọng lượng khung xe	차체중량 車體重量
trọng lượng máy nổ	발동기중량 發動機重量
trọng lượng nguyên tử	원자량 原子量
trọng lượng phân tử	분자량 分子量
trọng lượng riêng	순중량 純重量
trọng lượng thêm	부가중량 附加重量
trọng lượng tính toán	계산중량 計算重量
trọng lượng tối đa thiết kế	설계최대중량 設計最大重量
trọng lượng xe cộ	차량중량 車輛重量
trọng lượng xe trống	공차중량 空車重量
trong nước	수중 水中
trong phạm vi khai thác	개발권 開發圈
trọng tải	적재량 積載量
trọng tài	중재 仲裁
trọng tải nhiên liệu	연료적재량 燃料積載量
trong tầm bắn	사거리 射距離

trong vòng	이내 以內
trụ góc độ	각도주 角度柱
trục bánh xe	차륜축 車輪軸
trục bổ trợ	보조축 補助軸
trục chính	주축 主軸
trục chính quán tính	관성주축 慣性主軸
trục chuyển động	전동축 傳動軸
trục dài	장축 長軸
trục đảo ngược	역전축 逆轉軸
trục hộp giảm tốc	감속기축 減速器軸
trục kết tinh	결정축 結晶軸
trục khúc	곡축 曲軸
trục lăn chống quỹ đạo	궤도지지롤러
trục ngắn	단축 短軸
trục ngang	가로축
trục ngang	횡축 橫軸
trục phần sau tàu	선미축 船尾軸
trục quay vòng	회전축 回轉軸
trục thao hướng	조향축 操向軸
trục tia sáng	광선축 光線軸
trục trung lập	중립축 中立軸
trục trung tâm	중심축 中心軸
trục trung ương	중앙축 中央軸
trục trước sau	전후축 前後軸
trục trưởng thành	성장축 成長軸
trục vận hành	구동축 驅動軸
trục vuông góc	수직축 垂直軸
trục xoắn ốc	나선축 螺旋軸
trưng bày	전시 展示
trung bình hóa	평균화 平均化
trung bộ	중부 中部
trung cao độ	중고도 中高度
trúng độc	중독 中毒
trúng độc ga	가스중독

trúng độc phốt pho	인중독 燐中毒
Trung Đông	중동 中東
trung gian	매질 媒質
trung hòa	중화 中和
trung hòa tử	중성자 中性子
trung hòa tử đồng cảm	공명중성자 共鳴中性子
trung hòa tử quang	광중성자 光中性子
trùng hợp đơn độc	단독중합 単独重合
trùng hợp nhiệt	열중합 熱重合
trung lập	중립 中立
Trung Quốc	중국 中國
trung tâm áp thấp	저기압중심 低氣壓中心
trung tâm bộ	중심부 中心部
trung tâm điện thoại	전화국 電話局
trung tâm gánh nặng	부하중심 負荷中心
trung tâm khí áp cao	고기압중심 高氣壓中心
trung tâm khối lượng	질량중심 質量中心
trung tâm nhấc lên cao	양력중심 揚力中心
trung tâm ở gần	근린중심 近隣中心
trung tâm quán tính	관성중심 慣性中心
trung tâm quang	광중심 光中心
trung tâm quay vòng	회전중심 回轉中心
trung tâm sức nổi	부력중심 浮力中心
trung tâm tác dụng	작용중심 作用中心
trung tâm thành phố	도심 都心
trung tâm ứng lực	응력중심 應力中心
trung tính	중성 中性
trước khi	사전 事前
trường học dư thừa	잉여학교 剩餘學校
trường kỳ	장기 長期
trưởng thành khu vực ngoại ô	교외지역성장 郊外地域成長
trút	주입 注入
truy nã	추적 追跡
truyền điện ảnh	화상전송 畵像傳送

truyền điện chép lại	모사전송 模寫電送
truyền hình vô tuyến	무선방송 無線放送
truyền nhiễm	전염 傳染
truyền thanh	방송 放送
tư bản	자본 資本
tư bản hóa	자본화 資本化
tu bổ	개수 改修, 보수 補修
tu bổ lại	개축 改築
tư cách	자격 資格
tu chính án	수정안 修正案
tu chính thiên lưu	편류수정 偏流修正
tự động	자동 自動
tự động hóa	자동화 自動化
tự động hóa công việc văn phòng	사무자동화 事務自動化
tự động hóa sản xuất	생산자동화 生産自動化
tự động hóa thiết bị	설비자동화 設備自動化
từ giới cao tần	고주파자계 高周波磁界
tự hiến dâng	경도 傾倒
từ kế	자계 磁界
từ kế di động	이동자계 移動磁界
từ khí	자기 磁氣
từ khí địa	지자기 地磁氣
từ khí nhiệt	열자기 熱磁氣
từ khối	자성체 磁性體
tư liệu không cháy	불연자료 不燃資料
tư liệu thiết kế	설계자료 設計資料
tu nghiệp	연수 研修
tư sản	자산 資産
từ tâm	자심 磁心
từ tính mạnh	강자성 强磁性
từ tính quang	광자성 光磁性
từ tính thể	자성체 磁性體
tự trị địa phương	지방자치 地方自治

từ trường	자장 磁場
từ trường trái đất	지구자장 地球磁場
từ xa	원격 遠隔
tua bin cổ trướng	복수터빈
tua bin thủy lực	수력터빈
tuần hoàn	순환 循環
tuần hoàn của nước	물의 순환
tuần hoàn đạm tố	질소순환 窒素循環
tuần hoàn không khí	공기순환 空氣循環
tuần tra	초계 哨戒
từng hạt nhỏ	입상 粒狀
tuốc bin thủy lực	수력터빈
tưới nước	살수 撒水
tuổi thọ đương đầu	상대수명 相對壽命
tuổi thọ hữu hiệu	유효수명 有效壽命
tuổi thọ mệt mỏi	피로수명 疲勞壽命
tường	벽 壁
tường bên cạnh	측벽 側壁
tường cản	장벽 障壁
tường đoạn nhiệt	단열벽 斷熱壁
tương đối	상대 相對
tương đồng vị	동위상 同位相
tương đương	등가 等價
tường giấy	지벽 紙壁
tương hỗ	상호 相互
tường ngăn	격벽 隔壁
tường ngăn chất nhiều lỗ	다공질격벽 多孔質隔壁
tường ngăn chính	주격벽 主隔壁
tường ngăn chịu áp	내압격벽 耐壓隔壁
tường ngăn chịu lửa	내화격벽 耐火隔壁
tường ngăn chống nước	방수격벽 防水隔壁
tường ngăn đường trung tâm	중심선격벽 中心線隔壁
tường ngăn hai lớp	이중격벽 二重隔壁
tường ngăn hình sóng	파형격벽 波形隔壁

tường ngăn nước biển	방조벽 防潮壁
tường nội bộ	내벽 內壁
tường phòng nhiệt	방열벽 防熱壁
tương tác	상호작용 相互作用
tường trong	내벽 內壁
tương tự	근사 近似
tưởng tượng	가상 假想
tụt xuống giá trị kinh tế	경제가치하락 經濟價値下落
tụy tạng	췌장 膵臟
tuyến âm cực	음극선 陰極線
tuyến không trung hình vòng	환상공중선 環狀空中線
tuyến lưỡng cực	양극선 兩極線
tuyến phân hình	주사선 走査線
tuyến phòng thủ thứ nhất	일차방어선 一次防禦線
tuyến X riêng	고유엑스선
tuyến xe	차선 車線
tuyết bão	폭풍설 暴風雪
tuyết rơi	강설 降雪
tuyết rơi kế	강설계 降雪計
tỷ lệ	비례 比例, 비율 比率
tỷ lệ áp lực	압력비 壓力比
tỷ lệ bản đồ	축척 縮尺
tỷ lệ bản đồ sơ đồ	도식축척 圖式縮尺
tỷ lệ bản đồ trung	중축척 中縮尺
tỷ lệ bành trướng	팽창비 膨脹比
tỷ lệ biến hình thể tích	체적변형률 體積變形率
tỷ lệ biến tấu	변조율 變調率
tỷ lệ bội	배율 倍率
tỷ lệ cải tạo	변성비 變成比
tỷ lệ cộng	등차비례 等差比例
tỷ lệ giảm tốc	감속비 減速比
tỷ lệ hỗn hợp	혼합비 混合比
tỷ lệ khả biến	가변비 可變費
tỷ lệ khoảng cách	간격비 間隔比

tỷ lệ liên	연비례 連比例
tỷ lệ lỗ hổng	공극비 空隙比
tỷ lệ nghịch	반비례 反比例
tỷ lệ nhạy cảm	예민비 銳敏比
tỷ lệ nhảy xuống	낙하율 落下率
tỷ lệ nhiên liệu	연료비 燃料比
tỷ lệ niêm độ	점도비 粘度比
tỷ lệ nước và xi măng	물-시멘트 비율
tỷ lệ sóng cao	파고율 波高率
tỷ lệ thấp	저율 低率
tỷ lệ thủy hợp	함수율 含水率
tỷ lệ thủy hợp thích hợp nhất	최적함수비 最適含水比
tỷ lệ tương hỗ	상호비례 相互比例
tỷ lệ vùng đất xanh tươi không gian	공간녹지비율 空間綠地比率
tỷ số đều	등비 等比
tỳ tạng	비장 脾臟
tỷ trọng	비중 比重
tỷ trọng cốt liệu	골재비중 骨材比重
tỷ trọng dịch ắc quy	전지액비중 電池液比重
tỷ trọng kế	비중계 比重計

u-rê	요소 尿素
ứng dụng	응용 應用
ủng hộ	지지 支持
ứng lực	응력 應力
ứng lực ban sơ	초기응력 初期應力
ứng lực bề mặt	표면응력 表面應力
ứng lực chót trước	전단응력 前端應力
ứng lực cú sốc	충격응력 衝擊應力
ứng lực cục bộ	국부응력 局部應力
ứng lực dài ra	인장응력 引張應力
ứng lực dài ra cho phép	허용인장응력 許容引張應力
ứng lực đơn thuần	단순응력 單純應力
ứng lực đường thẳng	직선응력 直線應力
ứng lực gắn vào	부착응력 附着應力
ứng lực hữu hiệu	유효응력 有效應力
ứng lực ly tâm	원심응력 遠心應力
ứng lực nén	압축응력 壓縮應力
ứng lực nén cho phép	허용압축응력 許容壓軸應力
ứng lực ngang	횡응력 橫應力
ứng lực nội bộ	내부응력 內部應力
ứng lực tác dụng	작용응력 作用應力
ứng lực tàn dư	잔류응력 殘留應力
ứng lực thiết kế	설계응력 設計應力
ứng lực thực tế	실제응력 實際應力
ứng lực tính đàn hồi	탄성응력 彈性應力
ứng lực trực tiếp	직접응력 直接應力
ứng lực vuông góc	수직응력 垂直應力
ung(nhọt)	궤양 潰瘍
ước đoán	예상 豫想
uốn cong không gian	공간곡률 空簡曲率
uốn cong mặt cầu	구면곡률 球面曲率
ướp lạnh	냉동 冷凍
ướp lạnh khẩn cấp	급냉 急冷
ủy ban bảo hộ nguồn nước	수자원보호위원회 水資源保護委員會

ủy ban bảo hộ tự nhiên	자연보호위원회 自然保護委員會
ủy ban chấp hành	집행위원회 執行委員會
ủy ban đất	토지위원회 土地委員會
ủy ban kế hoạch thành phố	도시계획위원회 都市計劃委員會
ủy ban thẩm tra kiến trúc	건축심의위원회 建築審議委員會
ủy ban thành phố	시의회 市議會
ủy viên quản trị	이사 理事

va chạm điện tử	전자충돌 電子衝突
va chạm mặt đường	노면충격 路面衝擊
vai	어깨(신체)
vải chống nước	방수포 防水布
vải gọt giũa	연마포 研磨布
vải không thấm nước	방수포 防水布
vải thạch miên	석면포 石綿布
van	밸브
ván ắc quy thái dương	태양전지판 太陽電池板
ván áp lực	압력판 壓力板
ván bàn	상판 床板
ván cách ly	격리판 隔離
ván cầu	교판 橋板
ván chế ngự	제어판 制御瓣
vận chuyển loại gỗ	목재운송 木材運送
ván cực âm	음극판 陰極板
ván cực dương	양극판 陽極板
vấn đề	사안 事案
vận động bề mặt	측면운동 側面運動
vận động đi ngược	역행운동 逆行運動
vận động đường cong	곡선운동 曲線運動
vận động đường thẳng	직선운동 直線運動
vận động gia tốc	가속운동 加速運動
vận động hành tinh	유성운동 遊星運動
vận động ma sát	마찰운동 摩擦運動
vận động mặt cầu	구면운동 球面運動
vận động ngược lại	역행운동 逆行運動
vận động quay ngược lại	역전운동 逆轉運動
vận động quỹ đạo	궤도운동 軌道運動
vận động tốc độ không đều	부등속운동 不等速運動
vận động xoắn ốc	나선운동 螺線運動
van giảm áp	감압밸브
vận hành vô gánh nặng	무부하운전 無負荷運轉
ván huỳnh quang	형광판 螢光板

ván kẽm	아연판 亞鉛板
ván kim loại trong đất	지판 地板
ván máy đo	계기판 計器板
ván mỏng	박판 薄板
ván nghiêng	경사판 傾斜板
ván ổ có phích cắm	단자판 端子板
ván phản xạ âm hưởng	음향반사판 音響反射板
văn phòng	사무국 事務局
ván mỏng kim loại	금속박판 金屬薄板
van rút khí	배기밸브
vận tải hàng hóa	화물수송 貨物輸送
vận tải hàng hóa hàng không	항공화물수송 航空貨物輸送
vận tải một chiều	편도수송 片道輸送
vận tải trên biển	해상운송 海上運送
ván thép gang	강철판 鋼鐵板
ván thiên hướng	편향판 偏向板
vận tích thổ	운적토 運積土
ván tín hiệu	신호판 信號板
ván tọa độ trong suốt	투명좌표판 透明座標板
vận tốc giây	초속 秒速
ván tròn	원판 圓板
ván tròn quay	회전원판 回轉圓板
ván tường ngăn	격벽판 隔壁板
vang lên	반향 反響
vắng mặt	결석 缺席
vàng thứ nhất ốcxy hóa	산화제일금 酸化第一金
vào cảng	입항 入港
vật bảo hộ	방호물 防護物
vật borax hóa	붕화물 硼化物
vật cách điện	절연체 絶緣體
vật cấu tạo	구조물 構造物
vật cấu tạo đường phố	거리구조물 距離構造物
vật cấu tạo sắt	철구조물 鐵構造物
vật chất	물질 物質

vật chất đục	현탁물질 懸濁物質
vật chất hút vào	흡수물질 吸收物質
vật chất lấp đầy	충전물 充塡物
vật chất nghiền	연마재 研磨材
vật chất ô nhiễm	오염물질 汚染物質
vật chất ô nhiễm không khí	대기오염물질 大氣汚染物質
vật chế tạo	공작물 工作物
vật chìm chất lên	침적물 沈積物
vật chịu lửa	내화물 耐火物
vật chuyển hóa	유화물 硫化物
vật clo hóa	염화물 鹽化物
vật đạm tố hóa	질소화물(질화물) 窒素化物
vật đặt ngầm tầng hầm	지하매설물 地下埋設物
vật dễ cháy	인화물질 引火物質
vật độc	독물 毒物
vật hóa học hữu cơ	유기화학물 有機化學物
vật hỗn hợp nguyên tố đồng vị	동위원소혼합물
vật hỗn hợp nhựa	아스팔트혼합물
vật hỗn hợp tính bùng nổ	폭발성혼합물 爆發性混合物
vật hữu cơ	유기물 有機物
vật kiến tạo	건조물 建造物
vật làm cô đọng	농축물 濃縮物
vật lắp đặt	가설물 架設物
vật liệu	소재 素材
vật liệu ảnh bắt sáng	감광재료 感光材料
vật liệu cách âm	방음재 防音材
vật liệu cách điện	절연재료 絶緣材料
vật liệu chịu nhiệt	내열재 耐熱材
vật liệu chịu nước	내수새 耐水材
vật liệu chống ẩm ướt	방습재 防濕材
vật liệu chống hỏa	방화재료 防火材料
vật liệu chống nước	방수재 防水材
vật liệu dễ cháy	가연재료 可燃材料
vật liệu điều tra	시료 試料

vật liệu điều tra đại diện	대표시료 代表試料
vật liệu giảm sóc	완충재 緩衝材
vật liệu giữ ấm	보온재 保溫材
vật liệu hỗn hợp	혼합재료 混合材料
vật liệu hút âm	흡음재 吸音材
vật liệu làm lạnh	냉각재 冷却材
vật liệu làm lạnh thứ nhất	일차냉각재 一次冷却材
vật liệu lát đá sỏi nhựa	아스팔트자갈포장재
vật liệu liên kết chốt trước	전단연결재 前端連結材
vật liệu nghiến	연마재 硏磨材
vật liệu tấm ván	판재 板材
vật liệu tăng cường	보강재 補强材
vật liệu tính chịu hỏa	내화성재료 耐火性材料
vật liệu trút	주입재 注入材
vật liệu xây dựng	건자재 建資材
vật liệu xử lý mặt đường	노면처리재 路面處理材
vật lý học chất đặc	고체물리학 固體物理學
vật lý học điện	전기물리학 電氣物理學
vật lý học hóa học	화학물리학 化學物理學
vật lý học lượng tử	양자물리학 量子物理學
vật lý học nguyên tử	원자물리학 原子物理學
vật lý học phần tử cơ bản	소립자물리학 素粒子物理學
vật lý học thiên thể	천체물리학 天體物理學
vật lý học trung hòa tử	중성자물리학 中性子物理學
vật mục tiêu	목표물 目標物
vật nguy hiểm	위험물 危險物
vật ốcxy hóa	산화물 酸化物
vật ốcxy hóa hydrô nặng	중수소산화물 重水素酸化物
vật ốcxy hóa khí nitơ	질소산화물 窒素酸化物
vật ốcxy hóa kim loại	금속산화물 金屬酸化物
vật ốcxy hóa tính axit	산성산화물 酸性酸化物
vật phẩm	물품 物品
vật sử dụng kiến trúc	건축용 建築用
vật tàn dư	잔류물 殘留物

vật tạo thành	생성물 生成物
vật tạo thành bùng nổ	폭발생성물 爆發生成物
vật tạo thành đốt cháy	연소생성물 燃燒生成物
vật tạo thành phân ly	해리생성물 解離生成物
vật tạo thành sụp đổ	붕괴생성물 崩壞生成物
vật tạo thành trung gian	중간생성물 中間生成物
vật thay thế	대용품 代用品
vật thể	물체 物體
vật thể sống	생체 生體
vật thể trong suốt	투명체 透明體
vật thêm vào	부가물 附加物
vật trở ngại	지장물 支障物
vật tư	물자 物資
vật tư hiện trường	현지물자 現地物資
vật từ khí mạnh	강자성체 强磁性體
vật tư sở tại	현지물자 現地物資
vật xây dựng	건설물 建設物
vật xây dựng	건조물 建造物
về lực ly tâm	원심분리기 遠心分離器
vệ sinh	위생 衛生
vệ tinh dừng lại	정지위성 靜止衛星
vệ tinh hàng hải	항해위성 航海衛星
vệ tinh hàng không	항공위성 航空衛星
vệ tinh Hỏa tinh	화성위성 火星衛星
vệ tinh khí tượng	기상위성 氣象衛星
vệ tinh không hoạt động	불활동위성 不活動衛星
vệ tinh nhân tạo phát truyền thông tin	통신중계인공위성 通信中繼人工衛星
vệ tinh phản xạ	반사위성 反射衛星
vệ tinh quan sát khoa học	과학관측위성 科學觀測衛星
vệ tinh thử nghiệm	시험위성 試驗衛星
vệ tinh trắc địa	측지위성 測地衛星
vệ tinh vũ trụ quỹ đạo	궤도우주위성 軌道宇宙衛星
véc- tơ điện giới	전계백터

véc-tơ	벡터
véc-tơ tốc độ trong giây lát	순간속도벡터
ven biển	근해 近海
vết	단층 斷層
vết bầm	타박상 打撲傷
vết bế	폐단층 閉斷層
vết chính	정단층 正斷層
vết đen mặt trời	태양흑점 太陽黑點
vết mở	개단층 開斷層
vết ngang	횡단층 橫斷層
vết nghiêng không chỉnh hợp	부정합경사단층 不整合傾斜斷層
vết nút đường	사교단층 斜交斷層
vết phỏng	화상 火傷
vết thương rách da	열상 裂傷
vị cao trào tối đa	최고만조위 最高滿潮位
vĩ độ	위도 緯度
vĩ độ bắc	북위 北緯
vĩ độ nam	남위 南緯
vi khuẩn	균 菌
vi khuẩn	세균 細菌
vi lượng	미량 微量
vĩ mô	거시 巨視
vị nước triều cạn thấp nhất	최저간조위 最低干潮位
vi phân	미분 微分
vi sinh vật	미생물 微生物
vi sinh vật học	미생물학 微生物學
vi tiểu hình	초소형 超小型
vi tiểu hình hóa	초소형화 超小型化
vị trí	위치 位置
vị trí chính	정위 定位
vị trí chính đáng	정위치 定位置
vị trí điểm hỏa	점화위치 點火位置
vị trí góc vuông	직각위상 直角位相
vị trí khả biến	가변위상 可變位相

vị trí không gian	공간위치 空間位置
vị trí không quay ngược	비가역위상 非可逆位相
vị trí như nhau	동위상 同位相
vị trí nổ súng	발사위치 發射位置
vị trí quan hệ	관계위치 關係位置
vị trí quan trọng	요지 要地
vị trí quỹ đạo	궤도위치 軌道位置
vị trí trung lập	중립위치 中立位置
vi trùng gây bệnh	병원균 病原菌
việc không tốt	불상사 不祥事
việc làm đầy lại	되메우기
việc phải làm	과업 課業
việc phải làm giao việc	용역과업 用役課業
việc san bằng đất	정지 整地
viện bảo tàng	박물관 博物館
viện nghiên cứu	연구소 研究所
viện nghiên cứu kỹ thuật	기술연구소 技術研究所
viết thêm	부기 附記
vịnh	만 灣
vịnh	항만 港灣
virus	바이러스
vỡ	파열 破裂
vỏ cây	수피 樹皮
vô cơ	무기 無機
vô danh	무명 無名
vô điều kiện	무조건 無條件
vô độc	무독 無毒
vô dụng	무용 無用
vô hại	무해 無害
vô hạn	무한 無限
vô hiệu	무효 無效
vô hình	무형 無形
vô hình học	형이상학 形而上學
vô lăng thao hướng	조향핸들

vô năng	무능 無能
vô năng hóa	무능화 無能化
vô sinh vật	무생물 無生物
vô tận	무한대 無限大
vô thanh	무성 無聲
vô trùng	무균 無菌
vôi	석회 石灰
vôi cácbonnát canxi	탄산석회
vôi hồ	모르타르
vôi hồ khô ráo	건조모르타르
vòi khả biến	가변노즐
vốn có	고유 固有
vòng cung	아치
vòng đại Bắc cực	북극권 北極圈
vòng đai bắc cực	북극대 北極帶
vòng đai cao áp	고압대 高壓帶
vòng đai đất đông vĩnh cửu	영구동토대 永久凍土帶
vòng đai động đất	지진대 地震帶
vòng đai khí hậu	기후대 氣候帶
vòng đai làn sóng	파장대 波長帶
vòng đại Nam cực	남극권 南極圈
vòng đai nam cực	남극대 南極帶
vòng đai phản ứng	반응대 反應帶
vòng đai sóng ngắn	단파대 短波帶
vòng đai tần số	주파수대 周波數帶
vòng đai tần số sử dụng	사용주파대 使用周波帶
vòng đai thông gió	통기대 通氣帶
vòng đai trồng cây	조림대 造林帶
vòng đai xanh	그린벨트
vòng khẩn cấp	급회전 急回轉
vòng ngân hà	은하원 銀河圓
vòng sao thổ	토성환 土星環
vũ kế	우량계 雨量計
vũ kế tự ký	자기우량계 自記雨量計

vũ lượng	우량 雨量
vũ lượng rơi trong năm	연강우량 年降雨量
vũ tuyết thủy	우설수 雨雪水
vụ việc	사건 事件
vùng biển	영해 領海
vùng châu thổ	삼각주 三角洲
vùng đất chưa khai thác	처녀지 處女地
vùng đất thấp	저지 低地
vùng đất xanh tươi không gian	공간녹지 空間綠地
vùng đất xanh tươi tự nhiên	자연녹지 自然綠地
vùng đệm	완충지역 緩衝地域
vùng lặng gió	무풍지대 無風地帶
vùng lạnh buốt	한대 寒帶
vùng lãnh hải độc quyền khai thác	전관수역 專管水域
vũng lầy	습지 濕地
vùng nội địa	내륙 內陸
vùng núi	산지 山地
vùng trọng yếu	요지 要地
vườn bách thảo	식물원 植物園
vườn cây	수목원 樹木園
vườn công khai	공개정원 公開庭園
vườn trái cây	과수원 果樹園
vườn trẻ	유치원 幼稚園
vuông góc	수직 垂直

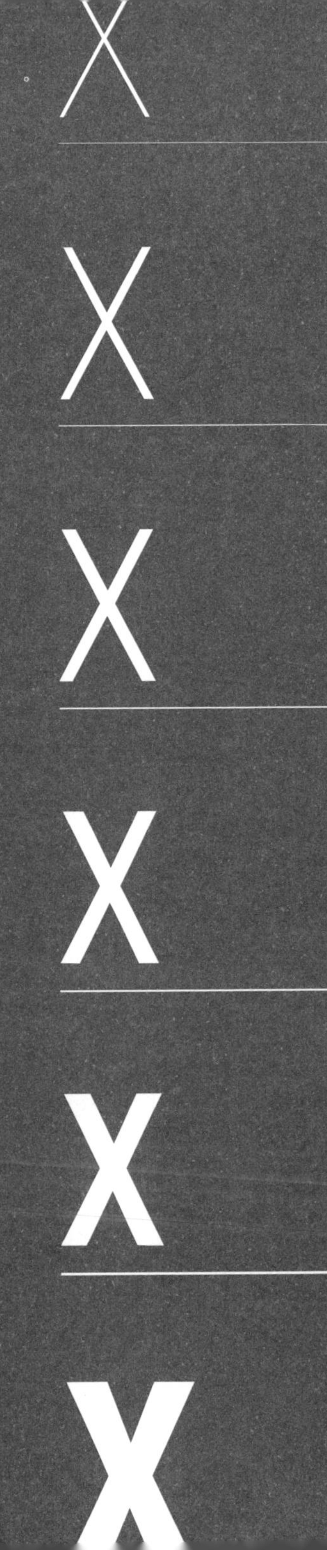

xác suất	확률 確率
xác suất biến đổi	천이확률 遷移確率
xác suất sụp đổ	붕괴확률 崩壞黃栗
xác suất xuyên thấu	투과확률 透過確率
xâm hại	침해 侵害
xâm nhập	침입 侵入
xây bằng đá	석조 石造
xây cất	부설 敷設
xây cất dây điện	전화선가설 電話線架設
xây cầu	가교 架橋
xây dựng	건설 建設
xây dựng cơ bản	토목공사 土木工事
xây dựng đường	도로건설 道路建設
xây dựng kinh tế	경제건설 經濟建設
xây dựng thêm	증설 增設
xe ba bánh	삼륜차 三輪車
xe bề mặt của mặt trăng	월면차 月面車
xe buýt	버스
xe buyt vô quỹ đạo	무궤도버스
xe cấp cứu	구급차 救急車
xe chở hàng không mui	무개화차 無蓋貨車
xe đạp	자전거 自轉車
xe điện	전차 電車
xe điện vô quỹ đạo	무궤도전차 無軌道電車
xe đổ	덤프트럭
xe đổ xăng	급유차 給油車
xe dự bị	예비차량 豫備車輛
xe đường ngầm	지하철 地下鐵
xe gió	풍자 風車
xe hai bánh	이륜차 二輪車
xe hơi	자동차 自動車
xe hơi cần trục	기중기자동차 起重機自動車
xe hơi điện	전기자동차 電氣自動車
xe hơi mục đích đặc thù	특수목적차량 特殊目的車輛

xe hơi nhẹ	경자동차 輕自動車
xe hơi quỹ đạo	궤도자동차 軌道自動車
xe hơi thiết bị đặc biệt	특장차 特裝車
xe hơi thiết bị đặc thù	특수장비차량 特殊裝備車輛
xe hơi thường	일반차량 一般車輛
xe lát đá sỏi nhựa	아스팔트자갈포장차
xe lôi	견인차 牽引車
xe lôi kéo	견인차 牽引車
xe lửa	열차 列車
xe mục đích đặc biệt	특수목적차량 特殊目的車輛
xe nâng	지게차
xe thiết bị đặc biệt	특수장비차량 特殊裝備車輛
xe trống	공차(빈차) 空車
xe tưới nước	살수차 撒水車
xe ủi đất	불도저
xe ủi tuyết	제설차 除雪車
xe ướp lạnh	냉동차 冷凍車
xem xét	시찰 視察
xếp hàng vào kho	입고 入庫
xếp thành tầng	층상 層狀
xét duyệt cấp trên	상급검열 上級檢閱
xi măng chống nước	방수시멘트
xí nghiệp	기업 企業
xin	신청 申請
xóa bỏ	폐지 廢止
xoắn ốc	나선 螺旋
xoay quanh hạ cánh	착륙선회 着陸旋回
xoay quanh tăng lên	상승선회 上昇旋回
xu hướng	경향 傾向
xứ lạnh	한지 寒地
xử lý	처분 處分
xử lý chất nổ	폭발물처리 爆發物處理
xử lý chống ô nhiễm	오염방지처리 汚染防止處理
xử lý chống thấm bê tông	콘크리트양생

xử lý clo	염소처리 鹽素處理
xử lý đạn lép	불발탄처리 不發彈處理
xử lý đất còn lại	잔토처리 殘土處理
xử lý hóa học	화학처리 化學處理
xử lý khử trùng	방부처리 防腐處理
xử lý nhiệt	열처리 熱處理
xử lý nhiệt kim loại	금속열처리 金屬熱處理
xử lý nước thải	폐수처리 廢水處理
xử lý nước thải	하수처리 下水處理
xử lý nước thải chung	공동폐수처리 共同廢水處理
xử lý nước thải sinh vật học	생물학적폐수처리 生物學的廢水處理
xử lý phế liệu	폐기물처리 廢棄物處理
xử lý thứ nhất	일차처리 一次處理
xử lý tín hiệu	신호처리 信號處理
xử lý tình báo	정보처리 情報處理
xử lý từ xa	원격처리 遠隔處理
xuất cảnh bất hợp pháp	불법출국 不法出國
xuất khẩu	수출 輸出
xuất nhập cảnh	출입국 出入國
xuất phát	출발 出發
xúc tác	촉매작용 觸媒作用
xúc tác hữu cơ	유기촉매 有機觸媒
xúc tác tổng hợp	종합촉매 綜合觸媒
xúc tiến	촉진 促進
xúm xít	밀집 密集
xung điện	충전 充電
xương	뼈 骨
xuồng cứu cấp	구명정 救命艇
xuống hàng	하역 荷役
xút	가성소다
xuyên thấu	투과 透過

ý chí ban đầu	초지 初志
y cụ	의료기구 醫療器具
y học	의학 醫學
y phục đặc thù	특수피복 特殊被服
y phục kim loại	금속피복 金屬被服
y tế	보건 保健
yêu cầu	요구 要求, 청구 請求
yếu tố giới hạn	제한요소 制限要素
yếu tố nhiệt điện	열전소자 熱電素子